稲城 続 ふるさとむかしむかし

聞き書き・写真◎菊池和美

旧・稲城長沼駅の西側踏切　豊間根龍児・絵

はじめに

続・ふるさとむかしむかしの発刊に当たって

一回目の「ふるさとむかしむかし」を出版してからちょうど10年が経ちました。差し上げたり、買ってもらったりしていつの間にか私の手元には2冊残っただけになりました。でも幸せなことに、今も時々買いたいと言って私を訪ねて来てくれる方がいます。また発行したいと思いつつなかなか実現できずにいました。

そんな矢先、平成25年の春、稲城市農協の梨組合の方から、「創立130周年記念誌を作成するので梨農家100軒の聞き書きをお願いしたい」との話を頂きました。稲城の農業のためにお役に立てるならとお引き受けし、「稲城の梨百人百話」のコーナーを担当しました。力量不足で、いろいろご迷惑はおかけしましたが、平成27年1月に梨生産組合の皆さんの努力によって記念誌「130年の歩み・梨栽培と共に生きる」ができ上りました。

しかし残念なことに、発行数は200部余りとのことで、市民が買える数はありませんでした。もっと市民の人に稲城の梨農家さんのお話しを伝えたい、一緒に梨栽培の事を考えて欲しいと思いました。そこで再発行を検討していた「ふるさとむかしむかし」と梨農家さんのお話しを合わせて、「続・ふるさとむかしむかし」として出版することにしました。

梨農家さん全員のお話を掲載したかったのですが、紙面の都合上で30名を選びました。自身で独自に取材した方、私達の知らない時代を経験したご高齢の方、印象深いお話しをして下さった方を選び、字数制限で書けなかったお話しや、すでに梨栽培をやめて組合誌には載らなかった農家さんのお話しなども載せました。

「続・ふるさとむかしむかし」は1部を30名の聞き書き『稲城の梨ものがたり』とし、2部は「人とひと、人と自然のかかわりの中で」としました。

稲城市の梨栽培の事

ここで稲城市の梨の事を少しご紹介しておきます。稲城市で梨栽培が発展したのは多摩川の沖積土壌が適していたこと、水田に栽培を広げたこと、川崎市の梨組合や近隣の農業試験場との連携が挙げられます。しかし何よりも一人ひとりの生産者の熱意と努力、そし

市内に並ぶ梨の販売所

て組合の活動、さらに先達の方々の品種改良や技術研鑽の努力、それらが稲城の梨を支え、繁栄させてきたのです。特に販売方法の変遷についてはどの園でも大変なご苦労があったようです。大勢の方が市場出荷から直売、宅配までのご苦労話を教えてくれました。

明治17年、東長沼の梨生産者13名によって結成された共盟者に始まった梨組合はその後、矢野口、押立でも組織が作られ、やがて統一して活動するようになります。昭和初期には川崎、稲城から立川までの多摩川流域の梨組合は地域を超えた「多摩川梨」をブランドとした「多摩川連合組合」を作って東京市場での地位を確立します。戦争で一時期衰退しますが戦後は再び連合体を結成して東京市場を席巻したといいます。しかし地方の産地が大量に東京市場に入るにつれて、多摩川梨は次第に市場から外れ連合体は解散してしまいます。

ところが稲城の生産者はそれに負けてはいませんでした。即売に出たり観光農園をしたりと絶え間ない努力をして時代を乗り切ってきたのです。

観光農園が下火になる頃、全国的には幸水や豊水が出現して市場を独占するようになりました。しかし稲城では先達の努力で加弥梨や清玉、吉野などの品種が育成されました。

特に進藤益延氏の育成した「稲城」は組合員への穂木の配布が実を結んで、主力品目となりました。またそれと共に地元での直売、地方発送が販売の主軸となって今に至っています。

最近の東京都と稲城市の梨栽培をデータで見ると、平成28年には東京都全体での日本梨の農業産出額は19億7千万でそのうち稲城の梨は8億4千万を占めています。稲城市全体では農業産出額12億円のうち梨が66％を占めています。今も多くの梨生産者が美味しい梨を市民に届けることを目標に日夜努力をしています。この本を読んだ読者の方に、梨栽培にまつわる様々な出来事―戦争での衰退、市場での苦労、品種改良の努力、それから女性の頑張りなど―を知ってもらい、稲城の梨作りの未来を一緒に考えてもらえたら幸せです。

なお、梨の「稲城」の誕生については解明されていない部分はありますが、育成者の益延氏と生産者皆の苦労と熱意が大きく実を結んだと考えます。また、「旧ふるさとむかしむかし」のプロローグは終わりの頁に掲載させていただきました。

道沿いの梨の販売所

もくじ

続・ふるさとむかしむかし
稲城の梨ものがたり

落ち葉を踏んで

ふるさとむかしむかし

人とひと、人と自然のつながりの中で

冬の雑木林（南山）

続・ふるさとむかしむかし
稲城の梨ものがたり

7

子供達を育ててくれた梨への思い

原島千枝子さん・昭和3年生まれ・矢野口

矢野口の変貌と榎戸区画整理

明治37年生まれのおばあちゃんの話によると、矢野口には「家（8）名（7）賽の神（瀬の神）」と言って、8つの苗字を持つ家と7つの賽の神があったそうです。戦後になるとこの辺りにも住む人が増え、読売ランドができた頃から順に山が売られていきました。また昭和50年を過ぎた頃から農家は畑を売ってアパートを建てるようになりました。それで家を建て直したり、車を買ったり、また子どもの教育費にもあてました。ただ、その為に肝心の畑が減って、次第に農家だけではやっていけなくなってしまいました。

それ以前の私の時代の教育は殆どが高等科まで行く程度で、女学校に行けるのは市長やお坊さんの娘くらいでした。

原嶋千枝子さんと筆者

榎戸の区画整理でも梨畑が減りました。平成10年には換地のために梨の木を３００本切りました。一本一本にお塩とお酒をやって、「ごめんね、ごめんね」と撫でてやりながら泣き泣き切りました。その梨が子どもを育てたようなものですからね。樹齢20年から40年のものでした。お父さん（旦那さん）は区画整理が始まる前に亡くなりました。梨をとても大切にしていたから、梨を切る場面を見なくてよかったと思いますね。今は換地に新しく植えた苗木がようやく実をつけるようになりました。畑をやりたいという定年後のボランティアの方に手伝ってもらい梨やブルーベリーを作っています。私は梨が大好きです。作るのも、食べるのも。作った梨は売らないで全部自分で食べたいくらいなんですよ。

南山の西坂の畑

昔は南山の中に畑を持っていましたが、リヤカーを引っ張って下肥を持って行くのがとても大変でした。だから化学肥料ができたときは有難かったですよ。私は2、3年前までは山を歩いていましたね。チゴユリ、キンラン、ギンランなどいろんな花と出会えるのが楽しみでした。

南山は今はすっかり変わってしまいましたが、昔は妙覚寺あたりを谷戸坂と言っていました。谷戸坂は尾根で結ばれていて、ぐるりと歩くと、最後は妙法寺の所へ出たのです。

西坂は京王線のガードをくぐったところにあり、西坂から入ったところに我が家の畑がありました。

西坂は今ほど急峻ではなくて上まで上がれました。だが西坂が台風で崩れて畑も被害にあったことがあり、それ以後道がなくなり西坂は今は畑と崖で終わっています。この辺りでは多くの農家が山に畑を作っていました。自作地の場合や借地の場合もありました。平地では表作で米を、裏作で麦を作りました。また山の畑でも麦や野菜を作りました。麦は6月くらいにとり入れて、足踏みで脱穀して粉にして、うどんにしました。

高度成長が始まる頃にはこの辺りの農家の多くが山の畑を売ったり不動産活用したりして、残りの畑を梨園にかえて二十世紀（梨）を作った農家も家もありました。

当時は二十世紀は高級品として取引されました。作るのがとても難しいからです。私の家では山の畑は梨園にしないで売りました。息子が学校を卒業した後に京王線が通りました。

戦時中に山にアメリカ軍の飛行機が落ちて兵隊さんが亡くなったことがありました。見に行った部落の人達が、いくら敵とはいえそのままでは可哀相だという話になって、安楽えん（いん）の我家の墓地の近くに埋葬しました。戦後になってその両親が息子の消息を調べて、墓地まで訪ねて来たそうです。息子をちゃんと埋葬してもらったことをとても感謝して埋葬場所から遺骨を持ち帰ったそうです。

榎戸地区の賽の神様（男女の石）

我家には昔は竹林があり、賽の神の時には子ども達が枝を貰いにやってきました。賽の神は子どもの活躍するお祭りだったのですが、戦後の一時期、子どもに良くない風習であるということでやめた時期がありました。最近また復活して良かったのですが、子どもより大人が率先してやるようになりました。榎戸地区では大人たちが賽の神の夜に集まって飲んだり食べたりしています。でも昔から男の人たちの行事で女は参加しませんね。賽の神様は終わるとまた来年までの一年間隠しておくのですが、他の部落ではどこへ隠したのかわからなくなった部落もあります。お念仏の鐘も同じで、風習自体がなくなりつつあるので、紛失してしまわないかと心配しています。

農地解放から2018年の今日まで

私の家は矢野口の原嶋から出た小作の方ですね。この辺では地主は何軒もありませんでした。農地解放で初めて田んぼが自分のものになったのです。地主は都内の人でしたね。その人は「年とったら百姓をやろうと思って農地を買っていたのに、農地解放になってしまって馬鹿を見た」と言っていました。ですから、こちらに訪ねて来た時には米や麦を差し上げました。

その後水田を埋めて梨畑にしました。梨の五反と米の五反は大違いで、米は家族が食べる程度でした。梨栽培が盛んだった時はひとつの実に2枚3枚とかけるので10万枚の袋をかけたほどで、その頃は梨だけで暮らしていました。品種は長十郎、幸水を栽培していました。接ぎ木ができる、つきやすい梨です。「稲城」はまだなくて「吉野」は新高より大きく、今一つ甘味が少ない梨でした。

その後「稲城」が出て、今は家の売店で地方発送と直売をしています。「稲城」を作った進藤さんは最初の頃は皆に変人のように言われていましたが、私は感謝しています。でも「稲城」は親が分からなかったから品種登録はできなかったそうです。

数年前から梨園の半分にブルーベリーを植えて一般の人を対象にした摘み取りをやっています。またつい最近はキウイやデコポンも植えました。孫が手伝ってくれていますが、技術がいる梨栽培は私が主体でやっています。「富士園さんの梨を知り合いから貰って食べたがおいしかった。どこで手に入るのか」と農協に問い合わせがあったそうです。嬉しかったですね。

◎――女性の園主として今もお天気の日には毎日畑に出ている原島さん。区画整理のために梨の木を泣き泣き切ったというお話しは是非大勢の人に聞いて欲しいと思いました。（11年6月～18年2月まで10数回取材）

西坂の畑の辺り

2 戦争で兄を失い、梨づくり一筋

田中敏夫さん・昭和3年生まれ・東長沼

田中敏夫さん

梨は私が三代目で、おじいさんの時代、長十郎の時からやってます。

兄貴が早くに亡くなったので私は高等2年を卒業してすぐ親を手伝いました。兄貴は働いていた立川の工場で爆撃を受けて亡くなったんです。昭和20年でした。爆撃は朝の10時頃だったのに、兄の同僚がうちに知らせに来たのは夕方の6時頃でした。急いで親父が遺体を見に行き、帰ってから「明日からもうあいつの弁当はいらないや」とポツリと言ったのをいまだに覚えてます。昔は南武線が30分に一本だったので、朝の6時頃出かける兄におふくろが早起きして弁当を持たせてました。母は、兄が少しでもおいしく弁当を食べられるようにと、炊きあがったご飯の麦の少ない所を選んで弁当に詰めていました。親父は余りに突然の兄の死できっとそんな言葉しか出なかったのでしょう。この近所にはいまだに戦艦大和に乗って沈んだきりの人もいます。戦死した人は150人くらいいましたが、遺族年金を受けているのはわずかしかいないんです。

戦争当時は梨をこいで田んぼにしましたが、田んぼだけでは生活が大変なので梨を植え始めました。この辺りは長十郎が最初です。豊水や幸水ができたのは50年ほど前でした。でも幸水は粒が小さい。大きくならない。だから作付けは少なかったですね。

「稲城」ができた時、「こんな梨ができた」と言われてみたら大きかったですよ。それから広まり、私も植えました。ただ、色が出てからとるという長十郎の頭があったから、棚もち、日持ちが悪いと感じましたね。今はとり方が分かってきて、とってから一週間は大丈夫になりました。地方発送で着いて駄目だったといわれたことはないですね。新高は日持ちが良く、早生赤は少し酸っぱくて長十郎より色が出るのが遅いです。「加弥梨」は加藤さんのお父さんが作った梨です。12月にならないと甘くならない淡泊な梨で、田んぼのもみぬかで霜がかからないうちに保存すると12月から3月ぐらい迄置けました。デパートに出した家もあり、大きいので葬儀の駕籠に入れたり、使い道によっては重宝した梨でした。一番おいしいなと思うのは稲城と新高。稲城が出てからは贈答用の荷が多くなりました。豊水や幸水は稲城には勝てませんね。今も秋水、新水、菊水などいろいろ作ってます。今の菊水はなぜか昔より実が小さいですね。昔は化粧箱の9個詰めと12個詰めがあって、今のような段ボールではなく木の箱でした。

うちは昔は養蚕はやっていなかった。養蚕は場所をとるから面積の広い農家しかできなかったのです。養蚕は大丸や坂浜に多かったが、坂浜は戦後は牛や豚に移行しました。だがそのうち住宅が建ちはじめ、豚も牛も臭いがあるからやれなくなったんです。今では大塚牧場一軒になりました。

稲城でなぜ梨作りが残ったのか

梨栽培の流れは川崎から段々に多摩川を渡って矢野口、長沼とやって来たのです。稲城で何故梨作りが残ったかと言うと、この辺は水田が主で畑はなかったからです。畑は山の方だったんですね。雨が降ると水浸しになる土地だから、梨以外の作付けはだめだったということがある。山の畑は地が深く、梨作りには向いていない。「稲城」は味がいいから平尾の方でもまだ作れるが、長十郎だったら駄目だったと思いますね。また梨は毎年同じところに作れるし、栽培していて面白いですね。花粉交配をちゃんとしないと、とまりが悪いが、よい薬もできて、梨の病気も前よりは楽になりました。二十世紀には黒斑病が多く、カイヅカイブキの赤星病もありました。だが今は病気も減って、昔のように薬を激しく散布しなくてもよくなりました。昔はボルドー液を硫酸銅と石灰を混ぜて作って使いました。そのあと出たホリドールは戦争で使った枯葉剤のようなもので、農薬で亡くなった方があったほどです。昔は薬は手でかけたが今は殆ど動力だから楽です。

そう言えば最近はセミが減りました。梨畑が減ったからでしょうか。寂しいことです。

梨園が減った原因は、地価が上がって固定資産税すら払えなくなったからで、農家は結局マンションやアパートを建てるようになりました。宿河原の農家の話ですが、隣の住民から洗濯を干せないと苦情が出て、仕方なく梨をやめたそうです。また溶剤が通りすがりの人の目に入って、莫大な損害賠償金をとられたという事も聞きました。宿河原あたりで梨をやっているのはもう何軒もなく、諏訪の辺りに幾つか残る程度です。

梨は台風などの濁流で泥水をかぶったらもう駄目です。木は大丈夫なのだが、梨の実が駄目になるのです。落ちて泥に漬かったものだけでなく、棚についている梨も駄目になったと三沢川の向こうの本郷部落の人が言っていました。とても微妙なものなのです。

幸水と菊水

豊水

梨作りは手が必要だから、家族が丈夫でないとできない仕事です。今は花粉付けは手伝ってもらっていて、野菜は家で食べるだけを作っています。

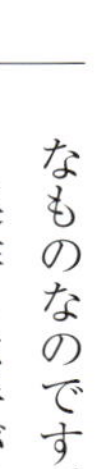

これからの時代、梨は米やキュウリより仕事が楽で安定している。だが梨は盆栽と同じで見てなきゃできない。うちではブドウも12、3年やっていたが身体をこわしてからやめました。ぶどうをこいだ農地を役所に貸しました。市民が利用できる一坪農園になって、固定資産が免除される仕組みです。

今後梨をどうするかですが、梨には定年がないからこれから体が続けばやって行きたいですね。子どもも定年になったら手伝ってくれることになっています。

◎――「もう明日からあいつの弁当はいらないや」というお父さんの言葉を今もはっきり覚えている田中さん。お兄さんを空襲で失った家族の深い悲しみが思われます。私ももらい泣きしてしまいました。（13年7月取材）

台風が通り過ぎて

台風で落ちた梨

3

自分の苦労がお客さんの笑顔につながる

小山 陽さん・昭和4年生まれ・押立

昔の稲城は自然が豊かで、春には田んぼ一面にレンゲがうなり、道は舗装がされてなく草と土のままの道でした。小学校の帰りには道草をしばって友達にいたずらしたり、とにかく自然そのままの素朴な時代でした。昔、押立は多磨村だったので予防注射の時には川を渡って府中まで行きました。

戦前我が家は麦を売ったわずかな現金収入で暮らしていました。この辺は二毛作で、表作が米で、裏作に小麦、大麦でした。矢羽（ビール麦）を作った家もありました。押し麦は水分を足して平たくすると食べやすく美味しくなります。小麦はうどん、すいとん、たらし焼き（お砂糖とお醤油を混ぜてつけて）などに活用しました。麦湯は大麦から作りました。布袋に入れて大ガマで煮ると、おいしい香りとコクが出るのです。多摩川へ泳ぎに来た小学校の生徒に麦湯を出して歓待してやったことも度々です。昔はプールがないから、自然の川で泳いだものです。

小山 陽さん ご夫婦

青春時代の暮らし

我が家の梨栽培は親の代からです。敗戦の色が濃くなった頃には梨を三分の一強制伐採させられ、ジャガイモやサツマイモにかえました。

小学校を昭和19年に15歳で卒業した時、御国のため、天皇陛下の為に戦争に志願したいと思いました。20歳前後の人は皆戦争に行っていて周囲には殆どいなく、銃後の守りで婦人会があり、B29が飛び、竹やり訓練で精神を高揚させられ、学徒は軍事工場へ駆り出される日々でした。しかしすでに日本は劣勢になっており、私は志願することなく終戦を迎えました。それから親の農業を手伝うことになったが機械はなく、足腰を使っての耕作でした。

アメリカが日本の軍隊を解体し、また働き盛りの男たちは仕事がなくて、農業を手伝って暮らしていました。我が家は小作であり、私は8人兄弟の長男だったから苦労が絶えませんでした。小学校の1年の時から下の子を背負って学校へ行きました。親は勉強よりも働けと言うのが口癖でした。自給自足の生活で苦しい事ばかりでした。戦争を知らない人はこんな話は全然分からないと思いますね。

学校を卒業して間もなくの頃、肥引きに一人で府中まで行ったことがあります。それが本当に苦痛で、夢もロマンも持てなかった。それで我が家の農家は私の代で終わりにしようと決めたのです。頭脳労働に就けるような教育を自分の子ども達には受けさせたいと思いました。

梨作りと農薬

昔の梨作りは長十郎と二十世紀だけで、受粉も人工授粉ではなく、ミツバチでした。梨畑の思い出は蜂がぶんぶんと沢山飛んでいたことです。二十世紀と長十郎は夫婦の花で親和性があります。人間も同じですが、近親の花同士は不親和で駄目ですね。

昔は梨の販売は市場出しでしたが、今は街道筋に店を出しています。お客さんの中には親戚以上の付き合いになった人もいますよ。

昔の農薬と今のとは全然違いますね。ヒ酸、硫酸銅等、即効性がない薬が多く、アブラムシの退治には石鹸を溶かして除虫菊を溶かして噴霧しました。その後に出たホリドール等は強くて、私もやられて半年くらい下痢した経験があります。口に入ると肝臓、腎臓がダメージを受けたと思いますね。今は安全第一です。皆が神経質に恐れていますが、今は昔より安全ですので無暗に心配する必要はありません。ただ、虫に抵抗性が付いたかもしれません。

これからの都市農業の課題

自分が20歳の時に農地改革があって、7反歩を最大とする小規模地主を作り、農地が細分化されました。農地改革があったから小作は救われて、民主化が進み戦後復興があったと思います。だがその裏にはアメリカが大企業や大地主を解体したいという思惑もあったと言われています。アメリカから来た民主主義ですが、日本人は責任を軽んじて自由の方を選んだと私は思います。

現代の日本は頭脳を売って食料や資材を外国から輸入し、製品を外国に輸出する政策になりました。外国の農産物が入ってくる時代になって、農家の経営は難しくなりました。現在、都市では生産緑地以外の農地は固定資産税が高く、例え貸家を持っても、貸す側が増えて借り手は少ない現状があります。また昔は独り者は食えないが、2人なら何とか食えると言われたのですが、現代は贅沢な暮らしが身についてしまって、なかなか若者が結婚に踏み切れない現状もあります。農業の後継者不足はだいぶ前から言われていることです。

稲城第一小学校で青年学校の訓練の様子

市外化区域での農業経営は難しく、農業をやるなら地方へ行かなくてはならない時代になりました。今後、都市の農業は減るでしょう。田んぼがまず完全になくなって、次は小規模な梨農家が消えていくでしょう。どうしたらいいのか、途方に暮れています。

それでも生産緑地制度が継続されれば何とかやっていけると思いますが、梨作りで十分に生活が成り立つ家でも子供は外へ勤めてしまうのは何故でしょうか。農業はできれば若い時から始めないと年をとってからでは頑張りがきかないものです。

現代は夢を持って農業につく人はわずかになりました。末の百より今五十をとるという人が多いですね。今サラリーマンは人間関係が大変な時代ですが、農業は自分で決めてその通りにできるから自分の思う夢を追うことができる。ある程度現金収入が確保できれば農業のほうが良いと思います。

区画整理の事

押立の区画整理は農家数人が集まってやりました。減歩率は公共、保留地合わせて40%です。車社会になったから道路も広くとりました。そのため減歩も増えたのです。農家がこれから生き残るためには、5反歩5千㎡の農地が必要で、最低家族3人でやらなくてはできない広さです。粗収入は1千万くらいになるが、経費が2百万くらいはかかりますね。

それだけの農地を売買で確保するのは難しいので、賃貸でできるように今度法律が変わるらしいです。農地を売れば譲渡税がかかるし、相続税も高い。生産緑地のまま継いでいくことが一番です。農家が土地を手放したら終わりです。

小山陽さん宅の温室で開花を待つ受粉用梨

梨作りでよかった

今振り返ると、自分で終わりにしようと思っていた農業ですが、自分なりに諦めずにやって来て、夢と希望を持ってやれました。梨作りをやってきてよかったと思います。それは何故かと言うと、梨は生産から販売までに自分が関わることができ、自分の苦労がお客さんの笑顔につながる、それが喜びです。都市農業の醍醐味ですね。

小山 陽さんと奥様

去年梨の剪定の指導を梨の生産組合と改良普及員の人に指導しました。梨に関しては一応評価を頂いていると思っています。

私の剪定は短果枝と長果枝を併用する5・5式です。絶えず更新を図ることが大切で、結果枝の促進を図ることですね。人の梨の作り方を常に見ながら勉強しています。それがお客さんに伝わって、お宅の梨は安心して人に送れる、と言われるとやりがいがありますね。

◎——1回目の取材はご夫婦一緒に並んで話して下さいました。若い頃は口に出せないほどの苦労があったとおっしゃる小山さんですが、梨作りでは若い農業者のお手本となっています。お庭の温室には花粉用の梨の花が満開でした（13年5月、18年1月、3月取材）

4 直売をあと押ししたひと言

小泉 充さん・昭和3年生まれ・矢野口

戦前の暮らし

この辺りは昔はどぶっ田でしたが、耕地整理をして溝を掘ってからどぶっ田がようやく解消されました。また南山は今よりもっとなだらかだったのが、都内の道路に使うために山を削って山砂をとるようになった。そのために険しい崖が残された。それまでは川砂を使っていたがそれが無くなって山砂を使うようになったのです。良く南山で遊びました。12、13歳の時には上と下に分かれて竹棒を持って戦争ごっこをしました。

稲城では二毛作の裏作で大麦小麦を作り、学校の月謝を払う為にウサギや鶏を飼っている家が多かったですよ。私は一小卒業後に高等科2年まで行って昭和17年に15歳で高等小学校を卒業しました。高等小学校の時に生徒6人で読売新聞主催の東京都の相撲大会に出て優勝しました。一小の創立120周年記念式典の日に一小に行ったらその時の記念の旗や賞状がまだそのまま飾ってありましたね。

小泉 充さんと茂さん

学校では先生から「相撲大会に出た仲間は体格がいいし、君は次男だから兵隊に志願してはどうか」と言われ、16歳で志願しました。今か今かとその後の連絡を待っていましたが一向に来ない。調べてみたら母親が取り下げたと分かりました。兄2人が徴兵検査で内地に行っていたから、母は私を戦地に行かせたくなかったのでしょう。その後調布の高木精麦に勤めながら夜学に通いました。

梨を始めて

梨は昭和28年に始めました。昭和27年に私が所帯を持って分家した時に、親が南山の土地を含めて農地を2反持たせてくれたのです。山林では堆肥を作り、梨と米を半々にしていましたが、徐々に梨を増やして行き、一生懸命働いて少しずつ農地を広げました。

小泉充さん、相撲大会の写真

私が農地を増やそうと決心したのは、ある地主さんから言われた一言がきっかけです。農業者の会合に参加して私が一言意見を言った時、ある地主さんから「(土地の)ない奴は黙れ」と言われたのです。それで発奮して、梨を売ることで自分の農地を増やして行ったのです。

昔は梨を調布や松原の市場までリヤカーに積んで行ったものです。しかし安くたたかれ、「こんなこっちゃどうしようもない」と思って柴崎駅の金子ということころで直売を始めました。きっかけはコカコーラができた時工場を見学したことです。部長さんが言ったのです。「自分の所は皆直売で卸している。梨もそうしたらよい」と。それを聞いて自分もやってみようと考えました。昭和35年、甲州街道沿いの調布自動車学校の所で始めました。すると売り上げがそれまでよりも約3割増えました。それから道路や地主さんとの関係で転々と移動して直売を続けましたが、尾根幹線ができてからは安定して自分のお店で売れるようになったのです。

福島清伍さんは果実部長もやった方ですが、畑がそばだったのでいろいろ教わりました。芦川技師も一緒でした。芦川技師は調布の人で、農林総合研究所の技師で東京御所という柿を作った方です。

今も若い人と一緒に作業をしていますが、若い人と一緒だとぼけないですよ。やる気満々で前向きです。いつも何か新しくしようと考えて、これでいいということはありません。

2つの区画整理を経験して

今、南山の区画整理では、生産緑地にも高い減歩がかけられています。生産緑地はこれからも長く農業をやる場所であって、換金するものではありません。区画整理で土地の評価が上がったからその分農地を減らすという理屈には疑問を感じています。農地が減ってしまっては農家は生活ができません。

但し、区画整理が終わってみると、良いこともありました。

最初の中央区画整理には、コツコツと真面目に働いて増やしてきた農地が減ってしまうので反対しました。それでも事業は進み２００坪の農地が減りました。ですが、畑が一か所にまとまり、区画や道路も整備されたので、車付けや農作業がやりやすくなりました。特に尾根幹線ができて、それまでは遠くに出ていた梨の販売を幹線脇のお店で直売できるようになりました。

都市農業は市場出しではやって行けないので直売が主流になっています。最近は地方でも市場よりスーパーや宅配と契約している農家が増えました。川崎のセレサモスのような直売所を最近ＪＡ南農協が日野に作りました。区画整理で農地が整備されて直売ができるようになったことがよかったと思います。ただあまりに家が増えて密集してしまうと、住環境としては良くないと思います。

財産として土地を維持するために農業をやるのではなく、仕事として真剣に農業をやるならば、何とか農業で食べていけるものです。将来農業をこうしたいと真面目に考えてやっている人はこれからもきっと残っていくと思います。

◎――戦争に志願した小泉充さんを陰で止めたお母さまのお話しはとても感動しました。小泉さんはご夫婦でコツコツと真面目に梨栽培に取り組んでこられました。心から尊敬します。(13年10月、18年2月取材)

5 梨づくりは私の一生の仕事です

森正平さん・大正12年生まれ・東長沼

梨作りは長男の公一で5代目で、庄助の祖父の時代からやっています。それまではこの辺りは殆どが水田地帯でした。もっと収入の上がることはないかと、資本のある人が梨の苗木を買って植えてみようということになったのでしょう。川崎大師河原あたりに行ったのか、または取り寄せたのかは定かではありませんが。

私は農業高校を出て家業に従事し、18歳で陸軍に入隊し満州ハルピンで部隊配属の幹部候補生として約2年半訓練を受けておりました。その後部隊に本土防衛命令が下り、福岡の博多に移動となり、その後幹部候補生として博多西部軍管区司令部に転属となり終戦を迎えました。昭和20年10月に我家に帰って来た時は農地は荒れ放題でした。農地は自らの仕事場ですから、国が落ち着いたと同時に梨主体の農業に専念しました。

私が果実部生産課長の時、昭和49年2月20日に新品種、「稲城」の普及に関する契約書を作出者の進藤益延さんと取り交わしました。印を押して責任を持ったのは農協果実部長の福島清伍さん、都立農業試験場の芦川孝三郎さん、果樹研究室の土方智さん、そして進藤益延さんと私の5人でした。

森 正平さん

稲城梨の誕生

「稲城」という梨を、最初に作ったのは、東長沼の進藤益延さんなんです。丁度、私が生産者の代表として、農協の果実部の生産課長をしていた頃でした。稲城は古くから、多摩川梨の産地でしたが、昭和20年代から30年代に、何とか新しい品種を作ろうと、生産者は力を入れるようになりました。しかしなかなか上手くいかなくて、主に、長十郎や二十世紀を作ってました。

その当時は、まだ三沢川が改修されていない頃で、農家では売れない梨は、三沢川に廃棄していたんですが、その廃棄した所から梨の芽が出てきたので、それを進藤さんが自宅に持ちかえって育ててみたんです。そうしたら、今までにない、実が大きくて早い時期になる梨ができたんですね。

多分、「八雲」と「新高」が交配したのだと思われているけれど、「八雲」は、夏の早い時期に成長するし、「新高」は、大きな実をつけるので、どちらがメスかオスか分からないけれど、その交配ではないかと後で推測したのですが…。

進藤さんは、その梨に最初、「日本一」という名前をつけました。そして「日本一」という旗を作って一個1，000円で川崎街道で売ったところ、珍しいし、高度成長にさしかかった頃だったので、良く売れたんです。始めて、「稲城」を私が食べた時は、普通の梨よりもおいしくて、「これは研究すればよいものになる」と思いましたね。

でも、進藤さんは、その新しい品種の梨を門外不出にしたので、なかなか他の農家が生産するのは難しかったんです。その代わり、私の家と、進藤

進藤益延さんの作った稲城

進藤益延さん稲城の販売風景

さんの隣の増岡さんの家に、自分で作った苗木を5本づつ配分して、新しい品種の梨の試験をして欲しいと、委託栽培を頼んできたのです。私の親父と増岡さんは、進藤さんと懇意にしていたんで、進藤さんも頼んでくれたんだと思います。すると、「森さんの所に新しい品種の梨が植えてある」と知った他の農家の人々が、私の所に置いておいた枝の切り端を、こっそり持ちかえったんですね。それを知った進藤さんから、私はこっぴどく怒られましてね、それで何とかしなくては、と言うことで、新しい梨の普及に、力を入れることになったんです。

普及の交渉をする前に、ご本人の提案で、「日本一」を「稲城」という名前に変更しました。稲城は最初は日持ちが悪く不整形だったんです。それを組合の人たちが皆で、栽培方法とか交配の種類などを研究して今のように育て上げたのです。ですから皆で育てた梨とも言えますね。品質の良いものは難しいんです。野生に近いものほど簡単で、病害虫に強いし、人間も同じですね。文化が発達するほど、弱くなる傾向がありますね。

梨と稲城の土壌

梨には、多摩川の流域が適しているといわれてます。多摩丘陵から八王子まで、山でも化石が出てきます。その沖積土が、良かったのではないかと思いますね。東京都でも梨の連合会があって、東京都から特産品として売り出したいと要望があり、本人の承認をとって都の特産品としたんです。川崎の方や東村山、小平などでも「稲城」という名前で売っています。

毎年、試験場で試食検討会を行うと、無記名で試食するんですが、同じ「稲城」でも、稲城で作ったのが一番になるんです。地盤が違うのではないか、多摩北部の黒土の台とは違う砂状の土が良いのだと思います。山で洪水があり、長い年月の間に土地、田畑に、山の緑のエキスがしみこんで、三沢川で、それが区切られた。海の魚が、山の豊かなところに多いのと同じではないでしょうか。昭和31年に、梨生産者は１８０名、40町歩、昭和33年に２２８名、80町歩にもなりました。

私の家でも、「稲城」と「新高」を中心に梨作りをやってます。昔は、市場出しがあったけど、直売が面白いといって試したところ、今は主に、宅配と家の売店でほとんどが売れます。「稲城」という梨がなかったら、稲城の梨はこれほど盛んではなかったかもしれないと思いますね。

農地解放から現在へ

我家では戦後の農地解放の時に開放した農地が2町歩ありました。その時は東長沼の地主代表を父がつとめていました。自作代表の川島さんと小作代表の松本さんの3名で我家に寄って夜明けまで何晩も開放について相談をしていました。その結果1反３００坪を当時のお金で８００円で開放することになりました。マッカーサーの指令でしたが、開放者は安くて悔しい思いもしたと思います。その後土地が値上がりをして、開放された農地を売却した資金で貸家やアパートを建てたりで開放農地が宅地に変わって行くことについて残念に思いましたが、その時代とすると都心からの人の流れを求めて地域の宅地化が始まったのかもしれません。

森直兄さんが市長の時代に市長会で中国に視察に行ったことがあります。１９８０年の12月でした。その際に、稲城梨を5本持って行きましたが、これは森市長に依頼されて私の園のものを出したのです。北京の郊外にある試験場で、女性の場長さんでした。今も中国に植わっているはずなので、できれば一度見に行きたいと思いますね。

私は平成26年で91歳、まだ現役で梨園と南山区画整理組合理事長として頑張っています。健康長寿が一番です。食事と体を動かすことと好奇心を持つこと、自分の仕事を楽しくやるよう心掛けています。

人口が増えて農地も随分減りましたが南山の区画整理は安全なまちを作

るための公共事業だと思っています。農家は7割もの土地を提供して協力しているのです。

稲城市には、梨という特産品があるのだからこれからも大切にして欲しい。出来るならば品種改良に取り組んで「稲城」の欠点を克服して欲しい。花粉つけが1回で済むようなそんな稲城の2世、3世ができることを夢見ています。

◎――わがまち稲城の特産品「稲城」誕生のいきさつは、案外知られていないのではないでしょうか。私も初めて知りました。梨にまつわる農家の方々のご苦労がよく分かりました。

森さんは稲城の梨栽培を長く牽引されて来た重鎮です。お話しは理路整然とし、記録や資料整理は丁寧で、梨作りの名手でもあります。森さんに見せて頂いたJAの冊子である「稲城を育てた仲間たち」（昭和60年、No.37、TOKYO農業）には、川島利一、川島喜久雄、原嶋弘、森正平、上原下一、嘉山三郎、原田正敏、横田章さんらの若き日のお顔が載っていました。（05年～18年数回取材）

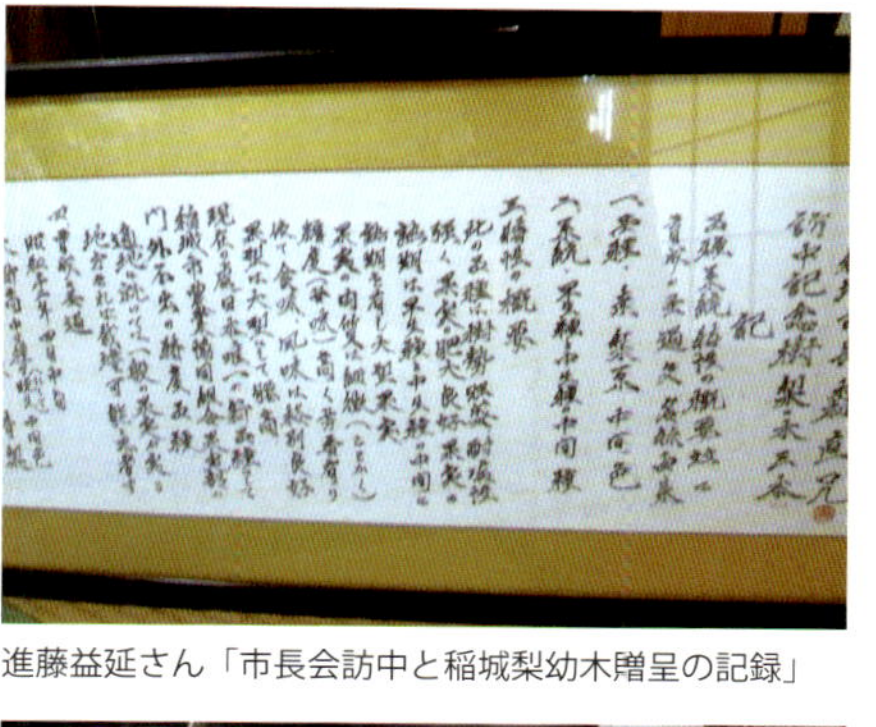
進藤益延さん「市長会訪中と稲城梨幼木贈呈の記録」

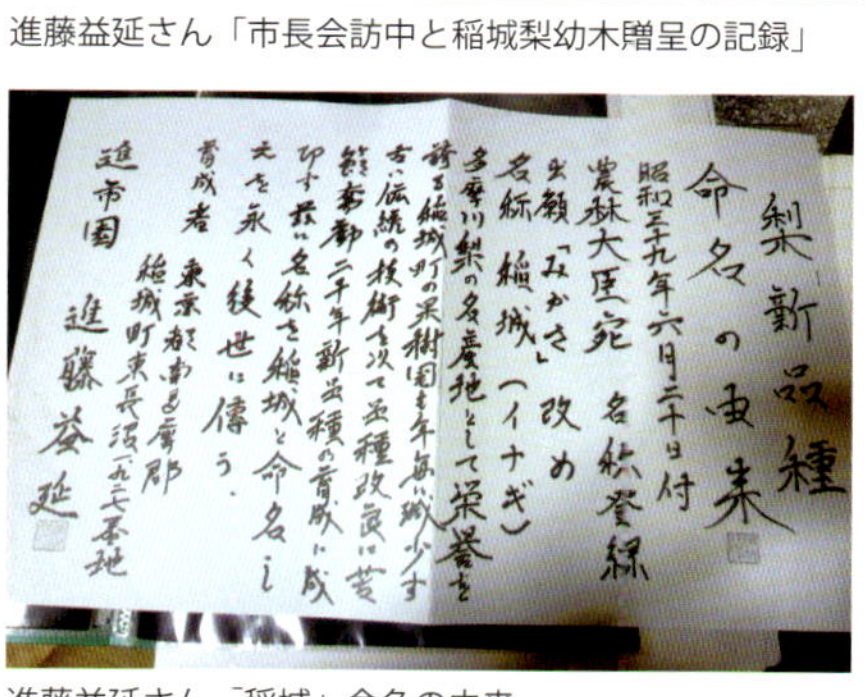
梨新品種
命名の由来
昭和三十九年六月二十日付
農林大臣宛 名称登録
出願「みかさ」改め
名称 稲城（イナギ）
多摩川梨の名産地として栄誉を
誇る稲城町の果樹園[illegible]
古い伝統の技術を以て品種改良に苦
[illegible]二十年新品種の育成に成
功す 故に名称を稲城と命名し
之を永く後世に傳う。
育成者 東京都南多摩郡
稲城町東長沼一九二七番地
進果園 進藤益延

進藤益延さん「稲城」命名の由来

6 篠崎　明さん・昭和6年生まれ・東長沼

自然界は手を尽くしただけ報いてくれる

テーラー事故からの復帰

昨年暮れの12月28日にテーラーを運転中に転んでしりもちをついてテーラーが当たって大けがをしました。仕事納めの日で、救急車で運ばれてお正月に手術して1月15日に稲城市立病院に移って3か月の入院だった。それから1ヶ月自宅療養してやっと最近仕事を始めたところだ。外にいれば気がまぎれますよ。

農業の何が気に入っているかって、とにかく梨作りをずっと続けているから梨作りがいいんじゃないかな。子どものころから親を手伝っていた。そばにはおじいちゃん、お父さんがいた。うちの奥さんも矢野口の梨農家から来た。周りに梨があるのが当たり前だったんだね。農家をやめようとは思わない。農家には定年がないもの。定年はお通夜と決まっている。親から、人間は汗をかいて飯を食え。頭で食うなと教えられてね。

篠崎明さん

多摩川梨の連合会

戦前に出来た多摩川梨の連合会は、多摩川流域の川崎から遡って稲城、国立、立川、昭島、日野が全部入る連合会だった。戦後は柳家さんの前に寄せ場があってそこへ出した。寄せ場に市場がとりに来たのです。上新田と下新田は青梅や福生にも梨を出しました。

戦争から今まで

今作っている梨は皆さんと同じで稲城、幸水、豊水、新高。稲城の梨は協定価格を梨組合で決めている。後は臨機応変で決めている。今は個人個人で売るけど、昔は市場出しだったから市場の人が値をつける。1杯でも15杯でも「さー幾ら幾ら」と「えんま」という人がセリを進める。値段はセリに参加する八百屋が付けたから向こう任せだった。高く値をつけた人のものになった。

大正12年9月1日の大震災のときは川（用水）の水が揺れてこぼれて用水の土手が切れて、魚が石の上をはねていたそうだ。まだ長十郎は熟していなくて大してうまくないが、市場へ出した。普通はお彼岸過ぎにとるところを早くもいだんだね。牛と牛車を細山の親戚から借りてきて神田市場に出した。朝もいで午後出ると一晩向こうで寝た。飛ぶように売れて被災した人が争って食べたそうだ。被災地の有様は終戦の時よりひどかったという。戦後はアメリカ軍が食糧を配ったが、震災では食べ物がなかった。持って行っている間にまた梨をもいで籠に詰めたそうだ。

尋常小学校5年の時に戦争が始まって、私も志願したかったが、私の2級上の人までが志願できた。何しろ志願するように先生が仕込んじゃうんだもの。そういう教育をされて、それが良いものと思っているからね。だから高等科2年の時に戦争が終わったが、その時は嬉しいより、負けちゃった、という気持ちだったね。

カモも子育て・篠崎明さんの裏の用水路

篠崎さん宅の近くを流れる用水

戦中、戦後は買い出しが来たのは覚えている。戦中は梨を結構作っていたが、食糧を確保するために梨の樹を切って米や麦を植えるしかなかった。今の梨園はその頃は田んぼだった。梨なんか作ったら贅沢だと言われたし、供出もあった。お宅は何反作っているから何俵出せと強制的で、米や麦を出した。

今は梨4反、ブドウ1反をやっている。台風が来たときは打つ手がない。だから農業は博打と同じで一発勝負のところがある。でもこの頃ひどい台風は来ないのは、東京が人いきれで人間の気圧の方が高いから、台風がどこか行っちゃうのかな。道路際で畑をやっていると不動産屋がやたらと来るね。でも畑は自分の運動場としてとっておくつもり。畑をやったり自然のものを作るのが一番健康にいい。自然界のものは手をつくしただけちゃんと報いてくれる。そこが人間とは違うね。人間様は嘘をつく、ましてえらくなるとね。人間はどんなに働き者でも素直じゃなくちゃいけないね。

人間は何のために生まれてきたかっていうと遊ぶためじゃないんだ、仕事をするために生まれてきたんだよ。農家が味噌汁の具を買っているようじゃ駄目だよ。農業をやってないってことだからね。

我が家の梨作りの始まり

我が家の梨作りはお爺さんの林蔵が始めた。林蔵は菅の農家からここへ養子に入ったんです。そのいきさつは、律草橋にあるんです。この先の律草橋は昔は喧嘩口と呼ばれていた。大丸用水が上の大丸、長沼から下の矢野口、菅へと別れて行く場所で、水争いが絶えない場所だった。林蔵さんは堀をさらう仕事で度々菅からこの喧嘩口まで来ていたらしい。そこでうちのお婆ちゃんと出会って、見初めたというわけです。林蔵さんは菅の大きな地主の出だったが、お婆ちゃんと一緒になりたいと、うちのような小作の家に婿に入ってくれた。当時としては不釣り合いな結婚で珍しい事だった。お婆ちゃんと一緒になりたい一心だったんだね。林蔵さんの実家はこの辺りに土地を広く持っていたので、結婚後も実家の田んぼを耕していた。それが昭和22年に我が家に農地解放されたというわけです。

林蔵さんが梨をここで始めたのは、実家も梨をやっていたからだと思う。林蔵さんは毎日神田まで梨を牛車で運んでいたが、夜は市場に泊まってまた翌日帰る暮らしだったので、市場に着物が置いてあったそうです。林蔵さんはとてもきれい好きな人で、うちの肥桶の方がよその家のご飯のおひつよりきれいだと言われる位だった。また、清玉園の川島琢象さんは、魚釣りが好きでよく多摩川に魚釣りに来ていたが、親から「∧林（篠崎さんの屋号）の梨畑をよく見てこい」と言われたそうだ。昔、梨の棚は竹で作ったが、「∧林の梨棚は乗ってもなんともないくらい整然と丈夫にできているから手本にするよう」と親から言われたと琢象さんは言っていた。我が家の屋号の∧林は林蔵さんの名前から来ていますね。

それ程林蔵さんは熱心に梨を作ったが、昭和16・17年に父は梨をこいで食糧増産を計った。

それを戦後、私が高等2年で学校を出てからまた梨に戻したのです。

今も梨を作り続ける

今は大変です。以前、テーラーの事故で腰の手術をしたが、足がしびれて思うように農作業ができない。それで電動移動車を買って、それに乗って剪定をやっていたが、思うようにはならない。今はビール箱に乗って剪定をやっているがやはり大変だ。今は息子が役所に勤めながら土日に手伝っている。「早く専業になって」と言ってもまだまだだね。

この頃母ちゃん（奥さん）が私の事を「もうちょっときれいにして」なんて言うんだよ。だが私はこう言い返すんだ。「昔から年をとると男はクソじじい、女は鬼ばばと言われるがこれは仕方ない。男は汚くなるし、女は怖くなる。だから女も素直で優しくなるように気を付けなくちゃね」ってね。

林蔵さんが我が家に養子に来てくれたのが我が家の梨作りの始まりだ。うちの孫3人は、皆男の子だから、1人は養子に出してやったらと私は嫁さんにも言っている。人は自分だけが良ければいいというのではなく、人にも恩を返さなくてはね。
◎――篠崎さんの梨園のある東長沼の一角は稲城の中で私が一番好きな場所です。時が止まったような美しい田園風景は、篠埼さんの梨作りへの思いが作った景色なのだと思いました。（13年6月、18年1月取材）

7 押立の梨づくりと夫の思い出

横田愛子さん・昭和13年生まれ・押立

横田愛子さんと息子の一美さんのお話し

一美さん――丁度今日で袋かけが終わりました。この時期は弟夫婦とおばさんに手伝ってもらってお袋と自分の5人で作業しています。袋かけは梨の種類ごとに替えるので4種類の袋を使います。二十世紀、長寿、多摩、幸水、愛甘水、あきづき、稲城と新高、秀峰などです。去年父親が亡くなって税金や相続のことでいろいろ大変でした。不動産を持たずに生活していますが、宅地にかかる税金が大変でした。学校を卒業して測量関係の仕事を10年やってから農業につきましたが迷いはありませんでした。よかったと思ってます。
愛子さん――三鷹から嫁に来ました。昔はこの辺りは水田でしたが、明治21年生まれのおじいさんの時代にはもう梨山があったそうです。全部二十世紀と長十郎で、お父さん（夫の武さん）が植えた二十世紀が今も残ってます。ぶどうは上原下一さんに薦められて「巨峰」を一本植えたのが始まりです。最初は種があって不評だったので自家用にして食べてました。
お父さんはおじいちゃんが戦死したので小学校の3年の時から世帯主になったそうです。税金の申告を学校の先生が手伝ってくれたと言ってまし

横田愛子さんとお客さん

た。「現代農業」や「梨の園芸」の本を定期購読していて、とても勉強熱心でした。井戸組合を作って梨畑に水をポンプでくみ上げたり、上原下一さんと金井重雄さんと一緒に鉄線組合を作って梨の棚を竹から鉄線にしたり、本当に地域の梨づくりのためにいろんなことをやりました。土方先生や芦川先生に聞きながら研究もしてました。

癌センターから退院して家に帰った後には、梨やブドウの栽培技術などを後輩に聞かれるままに惜しげもなく話し、メモに書いて渡していました。技術を伝えたい一心だったのでしょう。それが稲城の梨づくりに少しでもお役に立てばきっと本人も嬉しいことでしょう。（13年5月）

一美さん――父が病院中に書いていたメモは、梨作りの経験の浅い人でも簡単に間違いなく作れる方法でした。仕立てのやり方で、ブドウと同じように一文字の仕立て方に剪定すれば、楽になるだろうということでした。病院から帰って元気になったら父自身がやるつもりで書いたのだと思います。でも結局できなかったので、今は自分が試しています。長果枝作りの部類に入るでしょうね。今は稲城とあきづきで試しているところです。ブドウの短しょう剪定と同じやり方を梨に応用する事です。父は常に梨の事を考えていました。父らしいと思います。（18年2月）

◎――梨生産者の方々への取材から、横田武さんが梨栽培にとても尽力された方であることを知りました。奥さんの愛子さんに武さんの思い出を話して頂きました。（13年5月、18年2月取材）

8 川嵜 博さん・昭和11年生まれ・押立

共同花粉どりで生まれる人の輪

我家の梨作りは曾祖父の時代から始まりました。「川嵜」は今は珍しいですが島守神社の古い石にもあることから昔はこの「嵜」をつかっていたのかもしれません。小学校の頃は学校から帰るといつも野良仕事の手伝いをしていました。昔は山の木が燃料だったから冬には一山を近所同士で買ってマキをこしらえるんです。それをリヤカーで引いて山を下りる時の後押しを手伝わされました。また、「稲わらで縄をなってから遊びに行け」と言われ、親父はうちの手伝いさえしていれば喜んでいました。

私は農協に入組しました。きっかけは有線です。昭和34・35年頃、農協では市内の正、准組合員の方に電柱を立てる仕事や保守や移動や直しを始めました。私はそれを小遣い稼ぎで手伝うようになりました。そんないきさつで昭和38年に有線関係で農協の職員になりました。昭和41年からは普通電話が普及し始めたので柱の撤去作業が始まり47年に終了しました。その後は信用事業に異動し平成9年の定年退職まで33年勤め上げました。

川嵜博さん

梨の共同花粉どり

バブルの頃は都や市の予算が潤沢で、梨関係では5千万事業による多目的倉庫が押立にできました。今も花粉とり作業などで活用しています。花を持ち寄って機械で赤いおしべを選別し、25度に保つ

花粉とり作業1：花紛用の花とり

花粉とり作業2：葯と花やゴミを分離

花粉とり作業3：さらにひげ（めしべ）も葯と分離

花粉とり作業4：開葯器に入れて一晩温める

と24時間ぐらいで花粉が出ます。それを中国花粉とミックスして授粉用として使うのです。でも園によっては中国花粉を使わず古来のやり方を守っている人もいます。おしべは黄色くなったら使えませんからその時は遊びに行く暇もありません。花粉の時期は花粉付けが終わってから花取りをして一日が本当に忙しいです。押立はA，B班に分かれて2日間は班どりをします。最後に共同どりをして打ち上げと意見交換を行います。

定年になって梨を植えてから16年たちます。いい梨を作りたい、作った人も買った人も良かったという仕事をしたいですね。せちがらい世の中ですが梨のおかげで農家同士だけでなく、市民と農家の輪ができるのがいいですね。今は2段箱が滅多に出なくなって平箱や3キロ箱が多くなりました。昔は青年団の部会の会合等があって、出会い、付き合いが始まる人もありましたが今はそれがありませんね。お嫁さんに来てもらうような出会いがあることが課題ですね。

いちょう並木通り

高橋昌太郎さんが町長だった時に、いちょう並木通りを通す計画が立ちました。説明会で「道が出来ればきっと梨も売れるようになるから是非道路用地の買収に協力して欲しい」と言われました。農地が減少する、分断されるなどの理由から諸手を挙げての賛成ではありませんでしたが、皆仕方なく協力し、ゆくゆくは神奈川から是政へ通じるいちょう並木通りができました。その後周辺の梨農家は道路脇で梨を販売できるようになり、今となっては良かったと思います。それ以前は銘々で甲州街道などに土地を借りて店を出していたので苦労していたのです。神奈川からのお客さんもやってきて今は梨街道の様子を呈しており、時期には賑わいのある通りになっています。

◎——地域で行う共同の花粉とり作業は、稲城の梨作りを支える大きな力なのだと思い、川嵜さんのお話しを掲載させていただきました。又、直売の実現には道路も必要であることを改めて知りました。（13年10月、18年2月取材）

9 「稲城」誕生秘話と忘れられないお客さん

加藤トミ子さん・昭和3年生まれ・東長沼

昔は梨と言えば9月のものだったけど、稲城ができてからはお盆のころから忙しくなりましたね。兄の益延は進藤家の長男でその下に弟と妹三人がいます。

兄は親の反対を押して軍人に志願したくらいですから、若い時はずっと梨をやるつもりはなかったと思います。でも復員してきてから、「梨は儲かるものではないから、俺は絶対に新種を作ってみせる」と言っていました。自分の畑には家の者さえ入れませんでした。梨畑というよりジャングルのようで、木一つ一つに名札をつけて、バイオなどいろいろ研究していました。大きい梨ができた時にはとても喜んでいました。世間の人は「おへんなし（変わり者の意味）」、とか「あんなことやったって物にゃなりゃしない」とせせら笑っていました。

兄が川崎街道の縁に店を出して「日本一の梨」という大きな旗を立てて売り始めてからは、お客さんが「こないだの梨をくれ」と言ってお店に行列を作るようになりました。それで兄は「稲城の名産にするのなら分けてもよい」と言って他の農家に分けることにしたのです。

ただそれを親戚などに分ける人がいたのは兄との約束違反ではないかとも思いますね。兄は横須賀憲兵隊にいたので最初梨の名前を「三笠艦」の「三笠」と名付けましたが、芽つぎをしてからは稲城の名産にして欲しいと言って「稲城」と名付けました。兄の梨園は市左衛門から市郎になってそのあと進市園になりましたが体を壊してやめました。兄は私の婚家に来て一生懸命接ぎ木をしてくれました。今もその梨があります。私が生きているうちはつなげていきたいと思います。

忘れられないお客さん（ご本人筆）

昭和58年か59年頃の事だったと思います。鶴川街道の売店に、或る日20歳くらいかと思う青年が寂しそうにやってきて、「俺、家族と喧嘩してきたんだ、友達が調布にいるからそこに行く」と言ったのです。私が「お母さんは心配しているから電話ぐらい入れなよ、子どもの事をどんなに心配しているか知れないよ、おばさんは梨なんて売っているけど、いろいろ苦労して生きているんだよ、自分だけ惨めだなんて思って、変な気を起こすんじゃないよ。」と伝えました。そして梨を一袋もたせて、「頑張るんだよ」とその子の後ろ姿を見送りました。

「あの子はどうしているかなあ」と思いつつ1年が過ぎ、いつもの売店で梨を売っていると、「おばさん、俺の事覚えている？」とあの子が現れたのです。私はびっくりと同時に嬉しさが込み上げて来ました。「元気で働いている？」と聞くと、身の上話を始めたのです。話によると、幼い頃に両親は離婚し、自分は母親に引き取られた。その後母親は再婚し、本当の父親は交通事故で亡くなった。その保険金や遺産で今の家を建てたことから義理の父親と喧嘩になったというのです。私は少し考えて、「でも貴方を小さい時から今のお父さんお母さんが面倒みてくれたんじゃないの、だったら今そんなことを言わないほうがいいと思う」と言うと「弟が2人いるんだけど、俺の事、兄ちゃん兄ちゃんと言ってくれる」というので「いい兄ちゃんになってお母さんを安心させなさいよ」なんて偉そうなことを言ってしまいました。何と言って別れたかは忘れてしまったけど、まあよく来てくれたと嬉しくてその子の幸せを祈る1日でした。

それから3年目の梨売りが始まりました。ある日「おばさん俺だよ」と言って、忘れもしない、懐かしいあの子がニコニコしてやって来たのです。「俺やっぱり家に入ることになったんだよ」と言うのです。まさか3年もこの店を忘れずに来るなんてとびっくりするやら嬉しいやらで、「良かったね、頑張ってね」と少し話をして別れました。

加藤トミコさん

日本一と名付けて販売を開始した頃の進藤益延さん

進藤氏の接ぎ木した加藤家の「稲城」

進藤氏接ぎ木の「稲城」

それから4年目、区画整理が終わり、新しい道である本郷通りができた為、鶴川街道には行かず家の物置で売店を始めました。今年、あの子が鶴川街道のお店を探しているかもしれないと思うと、毎日毎日が去年の売店に行きたくて辛い梨売りでした。どこかで立派になって家庭を築き、元気で暮らしていると思いますが、梨のお店で出会った、もう一人の息子のような気がして、どうか良い人生をと祈るこの頃です。

◎――加藤トミ子さんは梨の稲城を育成した進藤益延さんの妹さんです。進藤益延さんの若い時代の事、梨栽培への取り組みなどをお聞きしました。稲城市長だった森直兄氏は昭和51年4月に訪中した際に稲城梨の苗を3本記念樹として贈呈しました。そのことを益延氏は掛け軸に書いて残しました。また昭和39年10月25日の朝日新聞には稲城梨についての記事で「種苗登録中、八雲と新高を交配。25aの梨園で品種改良」とあります。（1

10 上原陽子さん・昭和12年生まれ・押立

相続税のために鉄線を切った悲しい思い出

私は平尾から嫁に来ました。嫁に来た時にとても幹が太い梨の木がありました。梨の寿命は80年くらいです。その前の梨は川崎から持ってきたことは分かっています。こいであるから4代前の150年くらい昔にら梨をやっていたのは確かです。実家では桃を作っていたので袋かけは慣れていました。仕事は一つ一つやれば必ず終わるものだから苦にしないように自分に言い聞かせています。

オリンピックの年に隣のおじさんと一緒に甲州街道に梨を売りに出ました。知り合いの家に頼んで土地を貸してもらって、子どもをおばあちゃんに預けて、車の免許をとって、中古の三輪車を買って、出張販売（直売）を始めたのです。大家さんがいい人で電話を貸してくれました。当時は川原の土手が砂利道で売れ残った梨を持って帰ると擦れて真っ黒になっていました。また日光ジャンボ機が墜落したのが丁度場所を変えて世田谷街道に小屋を造りに行った日で、帰りにラジオをつけた時そのニュースが流れてきたのを覚えています。昭和63年のことでしたね。直売は軌道に乗って、市場出しより良かったですよ。その当時は世田谷街道に出ていました。チラシを配ってお客さんを集めたりしましたね。それから家へお店を移しましたが、有難いことにお客さんが来てくれて直売が続いています。その後も直売がどんどん増えて、今では直売のうち宅配が8割になっています。稲城が出始めたのと重なっています。今はお客さんがいい方ばかりで感謝しています。

15年くらい前、うちの店に長十郎の孫という人が来ました。その時はもうおじいさんで、長十郎を買って行かれました。川崎から船で運んで来た長十郎を接いだ木があったので「この辺りにもあんまりないんですよ」と言いながらお父さん（旦那さんの下一さん）が梨畑で長十郎をもいであげました。

ある時「第四中学校の用地を提供して欲しい」と市長が訪ねて来られたことがあります。私が「梨を明日からやめなくてはなりません、どう思われますか？」と答えるとそれが市長に通じたのかしばらくして用地は別の場所になりました。

上原陽子さん

昔お父さんは横田武さんらと一緒に井戸組合を作って順繰りにスプリンクラーを設置しました。冬場の2か月間で自分達で終わらせたのです。また鉄線組合も作って棚を竹から鉄線に替えました。組合員以外の方から多少の費用を頂いて、利益が溜まると皆で旅行に行きました。分けてしまうよ

上原陽子さん、下一さんの梨の売店

り、皆で使おうということで。梨組合はまとまっているからお互いが同じ気持ちだからツーカーで行くのです。

今は消毒をやるたびに道路を通る人に気を使います。防薬網をやらないという人もいます。作るのが大変なので気持ちは分かります。

お父さんが亡くなって相続でブドウ棚の鉄線を切った時が一番悲しかったです。仏壇のお父さんに「お父さん、許してね」と言ったら「だって税金を払うんだから仕方ないよ」と言ってくれた声が聞こえた気がしました。

◎——上原さんの売店が近いので毎年梨を買っていました。いつも売店の近くで働いていたあのおじさんが、梨の鉄線や井戸を整備した方だったのだと知って、感慨無量です。（13年8月取材）

11 密植をやめ新栽培法を地域に引き継ぐ

高橋生司さん・昭和五年生まれ・矢野口

親父の代には梨はやっていなくて、養蚕をやっていました。梨は矢野口でも地の悪いところに植えたもので、親父は農地が比較的良い所にあったので梨はやってなかったのです。

戦時中には食糧を確保するために養蚕をやめて水田にしました。梨を作っていた農家では梨まで伐採して田んぼにしました。戦後は7反2町歩の農地のうち2町歩を畑にし、残りを水田にしました。その畑をその後私が梨にしたのです。

19歳の時に梨作りを学ぶために長野の有名な梨の産地を高校時代の友人と見て回りました。そこで感じたことは、稲城では自然に反した栽培の方法をしているのではないかということです。

梨作りの改革

当時は1反に75本も植えて、密植栽培でした。1本が4坪、2間まのつくりです。また梨は土地の良い所では育たない、押立などの地の悪い所しか育たないと言われていました。それ迄は地の良い所は樹勢が良いからと根を切っていたのです。それはおかしいと子どもながらに思っていました。梨作りの先輩は何を考えているのか?と。それで密植栽培をやめようと計画しました。

苗木を埼玉県の安行に自転車で買いに行って、長十郎、二十世紀、菊水を植えました。次には電車で行って苗木を運んだので怒られました。長十郎に新高を継ぎました。

最初は4坪に一本植えて、将来的にあとで間引きして16坪にする計画でやって行きました。次は3間まに植えて36坪にする。新高でやりました。ところがそれを見た先輩から「馬鹿じゃないか」と言われました。随分落ち込みましたが、同感してくれる人もいて励まされました。またそれ以前は土地面積を倹約するために幹の分岐点を高くしていたのですが私は分岐点の低い杯状式にしたのです。

高橋生司さん

間取りが広かったら根はいくらでも入っていくものです。それが成功したのは平成の初期だった。すると梨そのものがまるっきり変わった。樹勢が強いから大きくて甘みが強い実がなったのです。また新高は1反歩に5千個が限度と言われていたのですが、一本の木に1.5kgの梨が8百個から9百個もなったのです。長十郎は1反歩に2万個もならしました。その栽培方法は全国に響いて、農業新聞が取材に来ました。遠く九州や千葉からも見学にやってきました。東京の消費地でそんな梨があるのかと驚いていました。

仲間たち

　土の会は農業の研究会です。私は、品種改良は個人でやるのは難しいから初めからやりませんでした。川崎勲さんとは若い時から気の合う友達で梨の役員をずっと一緒にやってきました。進藤さんとは本当に仲が良くて、稲城ができた時、「正司さんならただでやるよ」と言われたのですが、「俺は皆と一緒に買わないと後で堂々と歩けない」と言って、皆と同じく一芽幾らで買いました。だが品種改良についてはいろいろ言われており、結局品種の登録はできなかったのです。

　私は果実部の役員を30年も40年もやって梨を一生続けましたが、後継者がいないので仕方ないと思い平成14年に梨を一切やめました。梨の木を切るときは本当に残念でした。稲城中の人が残念がって、自分が手伝うから続けて欲しいとも言われたのですが。

若き日の高橋正司さん

　やめる前に矢野口の若手農業者12・13人を妻の実家のある新潟に連れて行き、そこから梨の産地まで行って現地指導をしました。新津に残された日本で一番古いという原木も見て来ました。その時参加した方がたは今もいい梨を作っています。松の園の清一さんが一緒に行けなかったのをとても残念がっていました。松の園のお父さんが私に2間まで作りを教えてくれたのですがその後私と同じ作りになりました。私のやり方は長果枝作りの部類になりますね。

もぎ取り

　池袋と新宿などにもぎ取りのクーポン券を置いたり、京王電鉄とタイアップしたりしてもぎ取りに取り組んだ時期がありました。バスで団体を受け入れたりと、それはもう忙しいなんてものじゃない。来園者はいたずらはするし、入園料無しで、中で食っていく人、梨を棚に乗せる人もいて大変でした。それでもぎ取りは徐々にやめました。長十郎を有袋から無袋にしたのはもぎ取りがきっかけです。その方が実は小さいが沢山なるのです。

　今、都市では後継者不足が問題になっています。それは相続税や都市化による農地減少と深く関連しています。相続や都市化で農地が減るから農業だけでは生活できずに兼業の道を選ぶのです。今は相続税を生前贈与で1億は安いと言われる時代です。農業をする環境がすっかり変わってしまいました。最近は兼業化が進んだために、梨をもっと研究しようという意欲が薄れているような気がします。昔は梨で生きて行かなくてはならないから皆が必死でした。勿論今も頑張っている人は大勢いますが。

根方の防災協力隊

　森直兄さんが稲城市の市長に当選した明くる年、台風による洪水の被害でよみうりランドの山が崩れました。山の木を切ってゴルフ場を造ったので山が崩れたのです。

　当時は消防の副団長をやっていたので森市長さんから頼まれて、復旧に力を尽くしました。それが根方の

小泉和夫さん宅の立派な梨の木

防災協力隊の始まりで、ボランティアで水害、火災、全部にあたる組織です。森市長からは大変感謝されました。根方は昔から夕立でも川が氾濫した地域でした。地域が寸断されて孤立したときは、まず自分の地区は地区で守らなければならない、そう思ったのです。いろいろな人が賛同してくれて、防災センターの前で発会式をやりました。今でも睦会として残っていて毎年新年会をやっています。長年取り組んだ消防活動に対して平成5年に表彰して頂きましたが、これも仲間の協力があってこそです。人生に悔いなし、人の為に尽くしてできる限りをやって来ましたね。

◎――高橋さんの梨作りはそれまでの常識を覆す画期的なものでした。矢野口では高橋さんにならった梨作りが随所で見られます。中でも小泉和男さんの梨園の梨の木は幹が太く、枝が広く本当に立派です。今も梨の季節には梨の教え子達が実った梨を手土産に訪ねてくれるそうです。（13年8月取材、18年2月奥様に取材）

12 梨の体験学習と子ども達の大きな夢

横田章さん・昭和13年生まれ・押立

我が家の梨栽培の始まりが何年頃かはよく分かりませんが、最初の園名である押安園という名前は、初代横田安五郎（慶応元年生まれ）が押立村の押と安五郎の安から命名したようです。

戦前戦後にわたり、梨、桃、水田、養鶏などの経営をしておりました。販売方法は市場への共同出荷が主力で、価格は業者一任で、出荷量の多い時期になると価格下落で多難な時代でした。そこで以前より飼育しておりました養鶏の卵価が昭和30年頃は非常に良く、採算が合うと思い、梨、桃の栽培をやめて専業養鶏に昭和36年頃に切り替え、採卵成鶏と水田、植木生産に取り組みました。昭和52年に養鶏を少し縮小し、高尾ぶどう組合発足と同時に入組、栽培を始めました。その後生産緑地、相続税猶予制度との関係で平成3年に養鶏を廃業して梨とブドウ生産に変更しました。その時を境に園名を現在の葉月園に変えました。梨やブドウは8月（葉月）に実って販売時期を迎えます。そこから葉月園と名付けました。

今は稲城梨を主力として幸水、豊水、新高、その他を栽培して、直売を通じて顔の見える農業、消費者さんとのつながりを大切に活動しております。

第四小学校の体験学習園

平成11年度より農業委員の役職に就き、前委員さんからの引継ぎで稲城第四小学校3年生の梨の体験学習農園として6年間押立地区の梨役員さんと共に、生徒の学習指導に年間4～5回対応しました。当園での学習が2・3年目になった頃、担任の先生からいつもお世話になるので何か手伝いができないかと言われ、個人対応で冬場に落ち葉掃き、剪定枝集め、チップ堆肥の作り方等を手伝ってもらいました。リサイクル利用の有機農業の説明に生徒さん達は熱心に聞き入っていました。3年生は翌年には4年生、10歳となり、20歳の2分の一ということで、2分の一成人式に招待されました。生徒全員が20歳になった時の自分についての夢や希望を発表し、その中でお父さん、お爺ちゃんの背中を見て、梨農家を継ぐという お子様が2～3名おりました。また、サッカー選手、警察官、お嫁さんなどとの言葉に私も感動しました。子ども達の夢がかなうように、平和な時代がずっと続いて欲しいと心から思いました。

横田 章さん

戦地へゆく父を見送って

実は私の実父は先の戦争で、フィリッピンに出征して戦死したのです。戦地に行く前に一時帰宅した父のために出征を送る席が設けられました。その時、私が差し出したまんじゅうを受け取ってくれた父の大きな手を今も覚えています。それが私と父との最後の想い出となりました。母は父の死後、無事に戦地から帰ってきた父の弟と再婚したのです。

手入れされた横田さんの葉月園の梨とブドウ

父は台湾の高尾から出船して亡くなったそうで、農業委員会の台湾視察があった時に高尾に寄ることができました。家から持ってきた水と線香を高尾の港に供えて、「おやじが陰で助けてくれたから今は一人前にやってるよ」と海に眠っている父に呼びかけました。

父への感謝を伝えたいという長年の願いがようやくかなったのです。母と再婚して私を育ててくれた愛吉は押立養鶏組合長なども務め、85歳で亡くなりました。

第四小学校の体験学習も今年で21年目になりました。また平成13年頃には稲城の梨友の会に入会して、梨栽培に取り組む先輩方の活動に参加し、その姿に一歩一歩近づきたいと努力しております。またこれからもお客様に喜ばれる梨作りがしたいです。

◎——出征するお父さんの大きな手を今も覚えている横田さん。子ども達の平和な未来を願う心は本物です。横田さんは稲城で最後まで養鶏を続けて、稲城の養鶏の歴史を見届けました。（13年11月、18年2月年取材）

13 区画整理で梨の木が病気に

嘉山英雄さん・昭和7年生まれ・矢野口

土の会の想い出

梨作りの想い出と言えば、昔、城所博さんや高橋生司さんらと「土の会」という研究会を作って共同で耕運機を買いました。まだ耕運機が普及していない時代で、夜通し仲間と一緒に水田を耕したり、好きな人がお酒を買ってきて一緒に飲んだりしたのが懐かしい思い出ですね。昔は二毛作だったので米を刈ったらすぐ麦まきでしたからね。

嘉山英雄さんと奥様

農薬会社から仕入れた農薬が二十世紀には効いたが長十郎に効かなかったり、また薬害で稲城中の梨の葉が落ちるなどの問題も起きました。そんな時梨役員さんが熱心に原因を追究してくれて、幾らか補償金をもらったと記憶しています。「土の会」ではイチゴの床苗などの研究をしたり野本吉松さんが衆議院議員に立候補したりしました。

私が17歳の時に親父が47歳で亡くなりました。親戚が北多摩の村長に当選したのでそのお祝いに行き、酒を飲んで帰ってきた。それから家で稲のもみすりをしていて脳溢血で倒れたんです。私は親父に代わって青春がないくらいに働きました。

戦時中のことはは子どもながらにも、いろいろ記憶してますね。裏の山の畑に防空壕を掘ってドラム缶で松の根っこを蒸留して油を作っていたこと、多摩川へ飛行機が急降下していくのを目撃した事もあります。見に行ったら直径10mくらいの穴ができていました。B29が落ちて砂川迄自転車で見に行ったこともあります。

今も調布に梨の店を出していますがもう40年も続けています。妻が車で行って、梨が足りない時には息子が持っていきます。息子も農業で頑張っています。梨のお店では昔のお客さんが結婚して子どもができて、またその孫が来たりして、付き合いが何世代にも受け継がれることが嬉しいですね。

嘉山英雄さんの売店の新聞記事

榎戸区画整理の事

区画整理で新しく広がった稲城三中につながる道路はもとは家の敷地でした。公共用地や保留地に農地をあてるので区画整理が終わると農地が3分の2になる予定です。水田も埋め立ててなくなります。昔一回目に榎戸区画整理の計画が出た時には農家が反対しましたが、今回は時代の流れですね。都がまた榎戸までやりたいと言ってきたので同意しました。行政の事業だから反対してもどうやっても進むのです。自分は役員になったから、うちの梨山を道路が通るのを我慢したいきさつもあります。また、組合員の人から農地の換地場所が納得できないと電話を貰って、仕方なく私の農地の換地場所を提供しました。その結果、私の農地の間にその人の農地が入ることになって、私自身は不便になりましたが、役員であるから何とか協力しています。

梨園が減歩されて収入も減りました。事業の前には私と妻と息子の大人三人が朝から晩まで働いているので、暮らしていけるだけの収入を確保したいという目標を持っていました。うちは畝歩が広いので目標に届く計算でした。勿論肥料や薬などを引くと実質収入はずっと低くなるのですが。区画整理にはいい面と悪い面がありますが、私は農地が減ってしまい、生活すら大変になっています。

今度、榎戸区画整理の隣接地に榎戸区画整理内を通る道路が延長されることになりました。その道路は所有者にお金を払って確保するのです。一方区画整理地内では減歩と言って、道路分や公園などの用地を無償で提供しなくてはならないのです。

同じ道路でも区画整理地内は減歩による無償提供で、計画外は買い取りと言う本当に不思議な仕組みになっています。私はせめて区域内の道路ができてから区域外の道路を通して欲しいと言っています。

嘉山英雄さん、初江さんの梨の売店の新聞記事

わが街の詩　ディスカバー武蔵野1181　1979年8月24日
沿道に秋を告げて　品川道の多摩川梨即売（調布市）

調布市の国領と西調布を結ぶ品川街道の沿道に、今年も７、８件の多摩川梨即売所が店開きした。下旬から来月上旬にかけ、更に店数が増え、中旬には１４、５軒になる。「生産者直売」の看板がかかるこの店が現れると、夏もいよいよ終わりといった感じを強くする。いわば、ナシの即売店は、品川道の初秋の風物詩といってもいい。国領７丁目のバス停近くに店を出す嘉山初江さんは今年でもう１５年目を数える。店と言っても、せいぜい５平方メートルほどで、４本柱に屋根を乗せ、周りをヨシズで囲った簡易なものだ。台の上にござを敷き、無造作に梨を積み上げる。八月いっぱいは新世紀、幸水、新水と言った早生ものが主役となる。産地直売というが、ナシ畑は多摩川をはさんだ向こう岸の稲城市矢ノ口にあり、毎朝６時に起きると、朝露にぬれた実をもいで、この即売所に運ぶ。今のところキロ当たり四百円、最盛期には値下げする。

新鮮なもぎたて　「街の八百屋さんより、それでも少し安くしているので、みなさん喜んで買ってくださいます。なにせ、もぎたてのみずみずしいものばかりなので…。今年は適度に雨が降り、朝晩が涼しかったので甘味も水分も最高です。自信を持って売れます」月遅れの盆過ぎから十月初旬までの店だが、毎年こうして店を出していると、結構顔なじみも多い。十五年前に中学生だった女の子が「おばさん、相変わらず今年もね」と声を掛け、お土産用に買ってくれる。今は二人の子持ちで、主婦のカンロクも板についている。

マイカーが大半　「昔はこの品川道も砂利道の細い畑道で、ほとんど近くの人たちが買ってくれたものでした。茶店がわりにここで一服し、ナシをむいて一休みしていきましたが、今は大半がドライバーで、誰もがあわただしく…」四月の開花と同時に人口交配し、摘花（ママ）。五月にはひとつひとつに袋をかぶせる。全てが手仕事で、丹精込めて育て上げた品を店に並べていると、何だか愛しくなってしまって…と、はにかむように笑う。十月、店をたたむころには、向いのケヤキも葉を落としはじめ、秋も日に日に深まって行く。

区画整理で減歩されても土地の評価が上がるからいいと、東京都は説明をしますが、梨作りは土地売買の評価とは関係ありません。農家は地下足袋を自分がはいて一生懸命働けば、農業だけでも少しはお金が残るものです。生産緑地にしてやって行けば、何とか暮らせるものです。しかし区画整理ばかりはそうはいきません。農地自体が減ってしまうのですから。

嘉山英雄さん梨の土を入れ替える

病気になった梨の幼木を手当てする嘉山さん

それでも梨づくりは奥が深くて面白い

区画整理では同じ梨作りでも土が違うだけで枯れるものと実を付けるものに分かれました。榎戸の原田正美さんや實さん、長坂さんらの仲間と、研究し試行錯誤しながら今も梨の穂木を分けたり育てたりして梨作りを続けています。どうしたら紋葉病を克服出来るかも、やりがいのある課題です。だから梨は楽しいし止められません。

◎——ご一家で真面目に梨作り取り組んでおられる嘉山さんですが区画整理では大変苦労されています。都市農業の重要性が見直されています。農業を守る区画整理の手法が検討されるべきと思いました。その後、梨園で作業している嘉山さんにお会いしました。「区画整理で換地された農地で梨の木13本が紋葉病にかかったので薬を撒いたが根が腐るので吉方公園の圃場の梨と入れ替えた。それでも根が白くなっている。」そう言って換地先に植えた木を掘り返しているところでした。その研究心、探究心が稲城の梨づくりをこんなに大きく育てたのだと思いました。(13年、18年に取材)

14 農業試験場の研修をうけた息子と共に

原田　實さん・昭和12年生まれ・矢野口

梨栽培は戦前あたりに親の代から始めたと思います。昔は農地が8反から9反ほどありましたが今は半分になりました。私は高校卒業後に親戚の鳶の仕事を手伝いながら梨を作っていました。梨販売の歴史を辿ると、昔は「多摩川梨」と言って、二十世紀や長十郎を市場に出していました。しかし次第に市場で安く取引されるようになったので、観光農業、もぎ取りに変わっていきました。人間は飽きっぽいものです。もぎ取りも10年くらい続いたくらいでその後販売方法は次々に変化してきました。

原田實さんと息子の和哉さん

その後「稲城」ができた頃から宅急便で発送するようになりました。それ以前は地方へ送るのに3日も4日もかかってしまい、梨を駄目にしたこともありました。二十世紀の方が日持ちはしましたが。まだ川崎街道が狭い時に、今の狸平庵の所に売店兼作業場があって荷造りもしていました。今の地方発送のお客さんはお年寄が多いので、若い人をどう取り込んでいくかが今後の課題です。

息子は高校卒業後、短期間勤めてから立川の農業試験場に研修に行き、果樹を中心に1年間勉強しました。カリキュラムは月水金が圃場での実習、火木が座学です。それから私と同じように鳶のアルバイトをしながら農業をやり、33才の時母親を亡くしたのを機に農業専門となりました。息子が一緒なのはとても心強いですね。相談相手には困りません。やりがいがありますね。

稲城の梨が発展したのは農業試験場との交流があったことや先達が熱心だったおかげだと思います。ぶどうの高尾は試験場で開発したのを稲城で作ったのです。また山梨、福島でも作って切磋琢磨があったのが良かったと思います。都市農業は殆どが不動産を持ちながらの兼業で、地方は専業です。働き方に違いはあるけれど、都市の兼業農家にも頑張ってほしいですね。

◎——息子さんの和哉さんがお父さんと一緒に梨園で作業をしている姿はとても頼もしいと感じます。次世代の若者が農業に就くための研修制度があることはとても良い事だと思いました。（13年7月に取材）

矢野口駅前の稲城梨のすけ

15 車の免許を取って頑張りました。

原島ヨシヱ さん・大正11年生まれれ・矢野口

私は狛江の生まれで多摩川の清らかな水で産湯をつかったのよ。家は農家で小作でした。父親は次男で本家が隣にありましたよ。

5、6歳の頃に家で蚕をやっていたのを覚えてます。養蚕で生計を立てていたのでしょうね。住所は和泉で慈恵病院と多摩川の間で、辺りには小川があって、田んぼ一面のレンゲ畑を今でも思い出します。小川ではシジミがとれましたね。母の実家には水車小屋があって、米や麦をついてました。大豆は皮のままの大豆を炒ってから石臼でひいて黄な粉にしておもちにからめました。黄な粉ぼたもちですよ。それが田植え時期のごちそうでしたね。

お父さん（旦那さん）の出征

お父さんと結婚する前にお付き合いしていた人がいて、その人は戦争に行っていました。途中で帰って来たとき、朝霞に会いに行きました。話しの中でそれとなくお見合いすることを伝えたのでその人も分かったと思いますよ。その人のお母さんが会いたいというので新宿で会ったこともあります。遠くから来たのに日和下駄だったので私の草履と取り換えてあ

原島ヨシヱさん

げたのを覚えてます。お母さんにも結婚のことをそれとなく匂わせて、私の事情をお伝えしました。

昭和19年に親戚の世話で23歳で結婚して稲城に来ました。お父さん（旦那さん）にもうすぐ徴兵が来るだろうというので私に結婚の話が来たんです。お父さんとは軍服姿の写真での見合いでした。私はお見合いの後にお付き合いしたかったのね。でも恵比寿のお屋敷に奉公していて子どものように大切にされていたのでできなかった。

お父さんは体格が良くて徴兵検査で甲種合格になり、結婚してから3か月の、のもはん事件の時に召集されました。しかし腹に大きなけがを負って日本に帰って来ました。沖縄戦争が始まる前にまた戦地に行くのではないかと世田谷の部隊に別れに行きました。別れるときに家に帰りたくないとどれほど思ったか。でもお父さんは困ると言っていた。それは切ないわよ。やるせない、周りの人がいるから涙で別れるなんてできないけど。家に外泊に来たこともありました。部隊に帰りたくなくて自殺した青年もいたということを聞きましたね。

畑と日常の暮らし

お父さんの留守が大変でした。8反もの農地で米とか山の畑でジャガイモや麦をやっていて。家では麦ごはんを食べました。どういうわけか毎月1日と15日が米のご飯と決まっていてね。この辺りの米は美味しかったのよ。みずた（水田）だからね。大丸用水が基本でその本元は御岳山だわね。それから清水が湧いていた。だから稲城では五穀豊穣の神様として御岳山を信仰しています。稲城には講中があって、以前農業団体で御岳参りにも行ったそうですよ。

山は燃料をとる大切なものでした。薪を風呂に、枝はごはん焚きに、松の葉、クヌギの葉を掃いて、これをくず掃きっていうんだけど囲炉裏に使ったのね。山を持たない家は何軒か集まって地主にお金を払ってマキやくずを取らせてもらったんです。

風呂から井戸まで水を汲むのに、庭が広くて40mほど歩かないと井戸がない。井戸と風呂の間を何回も往復しました。両手でバケツを持って往復したのね。下駄をたくさん持って嫁に来たけど下駄がすぐにぺちゃんこになったのよ。風呂は嫁さんは最後と決まっていたから、自分が入る時は垢だらけ。でもそれも暗くてわからなかったけど。私が嫁に来たときはまだろうそくだったのね。

結局お父さんは再び戦争に行くことなく内地で終戦を迎え、戦争前に勤めていた遠藤米屋さんに働きに行きました。遠藤米屋はおばさんの嫁ぎ先で、その当時は南武線の線路を引き込んで米などを商う大きな家でした。

原島家はその昔は土地持ち農家で、詳しい人から聞いた話では南山の裾野一帯も原島家の土地だったということです。でも2代上の菊次郎さんがちょぼいちという賭け事に凝ってしまって土地を減らしたそうですよ。昔は娯楽がなかったから、賭け事は庶民の唯一の楽しみだったのでしょうね。だからうちはお父さんが働きに行って、私が義弟やおじいさんと一緒に畑仕事に携わりました。

南山の畑ではサツマイモや麦を作りました。でも私は山の畑は嫌でしたね。人気がなくて何かあっても人家は遠いし、逃げようにも逃げ場がなくて怖かったですね。

昭和23年のことですが、西山が台風で崩れたことがありました。畑に山の木の根っこが流れて来て、おじいさん（お義父さん）と始末して全部を風呂で燃やすのに1年もかかりましたよ。

梨の始まり

そのうちイモや麦をやめて梨を作り始めました。畑に梨でも植えようと言ったのは私の方でした。埼玉県の安行から苗を買ってきて植えましたね。この辺の農家がもやって5人10人で車で行ったんです。昔は

梨の花の絨毯

長十郎と早生赤を買いましたね。うちは二十世紀は作らなかった。二十世紀は難しいですからね。消毒が欠かせないし、土が深くないとできないのでね。

二十世紀は実が柔らかいものね。吉野は後からできた梨で中土手の井西さんが作ったと言われています。大きくて長十郎と似ていました。

お父さんが遠藤米屋で働いていたので梨畑は殆ど私の担当でした。もぎ取りもやって、東京のお客さんが大勢やって来て楽しかったわよ。私は車の免許を持っていたから、もいだ梨を積んだり、お客さんを梨山まで連れて行ったりしました。とれた梨は自宅に小さな販売所を作ってそこで売りました。今の直売所のようなものですね。梨の売店の方が米屋よりも先なんですよ。

私が車の免許をとったのが42歳の時で丁度娘の高校受験と一緒でしたね。お父さんに車を買ってもらって教習所まで送って行ってもらった。今の富士通のところがまだ広い原っぱで、そこで練習しましたよ。

その後お父さんが遠藤米屋をやめて自分で米屋を始めました。車の免許がお米の配達にとても役に立ちました。今のお客さんは米を5キロぐらいしか買って行かないけど昔は10キロが普通だったので、押立の3階建てのマンションに車で運びましたよ。自転車じゃ無理だしね。

平成2年にお父さんは、私立病院に入院して、その時に梨の稲城を作った進藤さんとたまたま隣の病室でした。どちらが先かは覚えてないけど、2、3日前後して2人とも亡くなりました。益延さんとお父さんは一小の同級生で川崎勲さんも同級でした。進藤さんは家によく来てくれて「俺が（稲城梨を）発明したよ」と言ってました。進藤さんは根っからのお百姓さんで、お父さんは近代的でハイカラな人だったから、お父さんの事は一目置いていたと思います。

お父さんが亡くなった後すぐに生産緑地法が新しくなって、農地の選別が行われました。最初の山の梨畑は、一部を切って四軒家を建てて貸したけど、梨は女一人ではできないし、米屋も忙しくなったので、しまいには全部切って梨をやめました。そして畑を家の近くにひとつにまとめました。山の畑は弘さんと隣同士でした。昔は畑の境にはお茶の木を植えて隣の畑と区切っていました。区切りをめぐって争うことがないようにだと思いますね。農家にとって農地がとても大切ですから。

私は今でも榎戸の新しい畑に出ています。今日も午前中にトウモロコシをまいてきたのね。土を耕してマルチを敷いて、その穴に手で2粒のトウモロコシをまとめてまく。1つだと芽が出ないときがあると困るから。芽が出たら1つにする。今日は息子と2人でやって来ました。出来たトウモロコシはうちの店に置いておけば足りないくらいにすぐに売れますね。毎日必ず午後の2時間は米屋の店番もやっていますよ。

◎――原島さんのお話から、昔は戦争という過酷な運命に翻弄された若い男女が大勢いたことを知りました。運転免許をとって、山の畑に梨を植えて、お米屋さんからコンビニへと家族の歴史を支えてきた原島さん。その笑顔が素敵です。（13年3月以降数回取材）

16

原嶋清一さん・昭和16年生まれ・矢野口

江戸時代からの梨づくりの歴史を残す

松乃園の梨栽培は私で5代目です。明治19年の矢野口梨同士組合の結成には2代目の「清七」が関わっていました。またその上の代の「定介」の名前も多摩川梨の本に載っていています。登戸から梨の木を手車に乗せて運んできたと伝えられる3人の中に高橋大助さんのお祖父さんや清七の名前がありました。過去の経緯を考えると矢野口の梨栽培は多分登戸から入ったのかもしれません。例えば梨の袋かけも、もぎ取りも登戸から入って来ましたし、登戸から嫁さんが来たりと付き合いが深かったのです。

農業ファンクラブに花粉付けの指導中の原嶋清一さん（写真左）

しかし川崎側では都市化とともに梨栽培が衰退しました。また販売方法も移り変わりました。市場出しから始まって観光もぎ取り、ひき売り、直売、一時は鉄道便もありました。そして梨の「稲城」の誕生が現在の宅配という販売方法を定着させ、稲城の梨栽培を復活させました。

稲城の梨生産組合130年誌への思い

130周年記念誌を作る目的は何かと尋ねられることがあります。以前二十世紀発祥の地や長十郎の記念碑を見学したことがありますが、その周囲にはもう梨園は一つも残っていなかったのです。稲城はこうなってほしくない、そう思いました。心を込めなくてはいい梨はできません。その気持ち、ハートを梨組合が持てるか持てないかでこれからが決まっていくと思うんです。記念誌を読んで組合員、特に若い人がそのハートをもってくれたらいいですね。「組合は一人の為、ひとりは組合の為」です。

私は昔薬局をやっていました。ある時アメリカのスーパードラッグを視察することになり吸収合併を繰り返して巨大化していく薬局を見て疑問を感じました。それで梨栽培に入りました。子どもの代が継ぐかどうかは自分が死んだ後に神様が決めることです。今やっている人が梨を一生懸命作っている事、作るのが楽しい、それが一番大切ではないでしょうか。

東京都における稲城の梨栽培の位置づけ

梨の1年は1・2月は剪定。4月受粉。5月摘花。6月袋かけ。8・9・10月販売。11・12月は土づくりでこれを繰り返すのですが、全く同じ年は一度としてありません。

稲城が梨やブドウの産地として長く続いてきた理由は、多摩川によって作られた土壌と篤農家が多く居たことだと思うのです。

稲城の梨は江戸時代に始まり、明治から栽培の形ができて、明治17年には13名の生産者が集まって生産者団体を作りました。今はJA果実部が梨100名、ブドウ61名を数え、都内最大の規模となっています（15年度）。

130年の歩み
梨栽培と共に生きる
稲城の梨生産組合

130年の歩み表紙

梨は実をつけるまでに10年かかります。稲城では梨の生産組合は4地域に分かれていて、3つの課で100人の為に頑張っています。一つ目の生産課は栽培技術、農薬の使い方をチェックするなど生産技術に関する仕事をしています。

２つ目の販売課はマスコットマークの梨坊やを作ったり商標をとったりと、販売に関することをしています。３つ目の資材課は梨の箱や旗作りなど、資材に関する仕事をしています。

４つの支部ではそれぞれ特色を持った活動をしています。その他、地域毎に花粉を共同で集めて意思の疎通を図り情報を交換する努力もしています。今稲城の梨農家であと継ぎがいるのは40％ですね。

平成22年には稲城市の農業産出額13億６千万円のうち９億２千万円を梨で占めています。東京都全体ではトマト、コマツナについで梨が第３位です。

今生産組合では３つの柱に取り組んでいます。

①個々の経営を進める。お客様に直接自分で責任を持って販売をする。

②農業をまちづくりの中に生かしていく。都市の中の緑、自然としての公益、災害時の避難場所、多面的機能を活かして農業を残していく。

③しかし相続の時には家屋敷にも莫大な税金がかかるので、都や国に対して要望をしてゆく。

また農業ボランティア制度を確立しようと取り組んでいます。ボランティア制度を活用してできることとしては受粉、摘花、袋かけの３点セットがあげられています。市民の方々が農業に親しみ、ご理解して頂ける良い機会にもなると思います。

◎――原嶋さんには稲城の梨の概要をお聞きしました。私が「稲城の自然と子どもを守る会」で活動していた頃に、原嶋さんの梨園で初めて花粉付けや摘果を体験させてもらいました。又、梨生産組合１３０周年記念誌作りに参加させて下さったのも、当時組合長だった原嶋さんでした。取材を通して本当に沢山の事を学ばせていただきました。（データーは取材時のものです）（14年～数回取材）

17 一生懸命働いた農地を減らされる疑問

高橋新一さん・昭和４年生まれ・矢野口

昔は木の箱に梨を詰めてリヤカーで梨の寄せ場に出しました。しかし八百屋が競りで安くたたくため、42個入りの箱がたった１キロ１円50銭にしかならずみじめに思いました。八百屋がセリで安くたたくためですね。そういう時分に「稲城」を進藤さんが作ったのです。昭和54年頃、もう30年も前のことです。私は「この梨は素晴らしい」と直感しました。周囲からは「そんな流行り物をやっても駄目だ」と馬鹿にされましたが、「梨はうまけりゃ売れる、これ以上の梨はない」、そう確信したので次々に「稲城」を増やして行きました。その後「稲城」は地名のついたブランドになって、お陰で稲城の後に出る新高も売れるようになったのです。

高橋新一さん

15年程前に「新高」の視察のために高知を訪ねた時、「新高」が１個３千円で売られているのを目の当りにしました。本当にいいものだけを選ぶ売り方なのです。とても勉強になりましたね。新高は昭和２年に中野の農事試験場で作られた梨で実は以前は一番嫌がられる梨だったのです。その理由は、梨園の周囲は水田だったので、おくての新高は稲を刈ると丸見えになる。だから泥棒されないために多少出来が若くても出荷した。それで嫌がられました。新高に適した収穫時期を発見したのは篠崎生コンの社長さんで、もいでしまっておいてから少しずつ市場へ出荷したのです。

新高の花粉は実がつかないから昔は「吉野」の花粉をつけていました。今は中国の花粉を使う人が多いが私は今も吉野を使っています。吉野は南武線が単線の頃に複線用地に梨を捨てたのが自然に発芽して、それを原田さんのお爺さんが見つけて井西さんのお爺さんが増やしたので、井西さんの農園名をとって「吉野」と名付けものです。うちで今も売っている「愛宕」はおくてで大きく、新高と違う酸味や香りがあるが形が悪いという難点があります。うまいのは吉野や愛宕、甘いのは新高。うまさと甘味は違うが、今は甘いのが好まれる傾向がありますね。ですが今は、売れる梨があっても梨を作る農地自体が都市化で減ってしまったのが悔しいですよ。

優良集団農地の申請

昭和48年に長く農業を続けたいと願った農家6人が東京都の優良集団農地の認定を受けるために農地を集合化しました。優良集団農地は東京都が指定する制度で、何等かの事業をするための補助金が出ます。確か1町歩以上の条件でした。うちの所では意見がうまくまとまって水田を梨園にすることで申請しました。私のほかに原田實、原田久雄、角田吉蔵、福島清伍、松本六次さんが一緒でした。

きっかけは当時原田久雄さんが農業委員長だったので都の情報が一早く入って、農業を安心して続けるために優良集団農地にすれば何があっても手を付けられないと思ってやったのです。水田を梨畑にするために、土を買って水田を埋め、梨の木を移植し、梨の苗木を買って植えたりと、とても苦労して認定を受けました。

田んぼを梨園にするために1㎡700円の土を入れて、借地でしたが、当時の土地代金で計算するとその3割ぐらいお金を土の代金として払いました。

1年のうちに梨を植えて梨棚の鉄線を建てるように役所から指導されたので土も役所から斡旋されたものを使って急ぎました。しかしそれも中央や榎戸の区画整理でバラバラになってしまいました。今は榎戸区画整理で、小作権を解除したいと言われていますが、150年も昔の3代も前から借りて耕していている場所なので何とか今後も続けたいと思っています。

今は農家が農業を続けるのが困難な時代になってしまいました。南山の区画整理では、崖上の堆肥場や松の植林地、さらに崖下の梨園が換地、減歩されることになりました。懸命に働いて増やしてきた農地が減っていくことに対しては疑問を感じます。農地は農家にとって大事なものですから。

梨栽培のこと

以前産業祭りへ来た農家を見たら、百村から向こうの人は俺達より若い人が腰を曲げて出ていました。百村や坂浜は野菜が主な作目なので、下を向く作業で腰が痛くなる。矢野口は梨だからまっすぐな姿勢だった。下を向いてばかりで腰を痛めると、農業が出来なくなる、すると生産緑地を解除しなくてはならなくなる。だから農家仲間にはそうならないように気をつけな、といつも言っています。

ネギは1本育てるのに1年かかるが値は高くない。それに比べて梨は何

高橋新一さんの梨園に残る優良集団農地の看板

高橋新一家で花粉用に育成している吉野梨（まだ未成熟のもの）

故いいかというと、稲城梨ができてから、ブランド登録された。米でもなんでもブランド登録されているものは強みがある。稲城梨を作ったあとに新高も売れるようになったが、それは稲城梨のおかげです。1個1キログラムの新高を作るために、重みに耐える網を自分で作って使っています。だが最近は周囲に家が建って来たので台風に強くなった気がしています。

朝鮮部落の米作りを助けて

弟は梨園の井戸掘りの仕事を今も頼まれてやっています。昔は私も多摩川の朝鮮部落の人が野菜をやめて米を作ろうと計画した時に、私が安く水をポンプアップして引き上げたので感謝されました。ポンプとモーターを探してきて、多摩川の砂利をとった穴から水を汲み上げて、土を入れて水田にして、代掻きをしたら4町歩も米を作ることができるようになったんです。当時政府は米作りを推奨していました。

この辺りは大丸用水が整備されていたからよかったが、府中や調布は稲城よりも一段高く、水田は難しかったのです。稲城は調布側より一段低く、また三沢川から南側の人は三沢川用水を使っています。稲城では乾く場所は畑にして、水田だった場所は梨にしたのです。畑の土の梨は駄目と言われていて、山の梨と川沿いは梨のうまさが違うといいます。山側では地下水が低いが日照りに強く、川側では日照りが続くと水やりが大変になります。

高橋新一さん（移転前の南山の畑で最後のミカン狩り）

高橋新一さんの売店に並ぶ梨

若い頃、大丸団地の仕事を手伝ったこともあります。

大丸団地は昔は火工廠の寮で工員２００人が住んでいました。働いて帰って来る工員の為に軍が風呂と風呂用の井戸を備えていました。しかし戦後の進駐軍の管理下になってからは水を汲み上げなくなったので、仕方なく立川飛行場の寮にあったポンプを持って来て大丸団地の井戸から水を汲み上げることになり、その機械を溶接するのを私も手伝いました。できた機械を取り付けるために、眼鏡をかけた裸の女性が酸素の管を口にくわえて水のある井戸の底へ潜りました。女性だがすごい度胸だと感心しました。

観光もぎ取りと直売

この宿三谷の地区は販売方法では2つのグループに分かれていました。

嘉山三郎さん、城所さん、長坂さん、須黒さんら5・6人は集まって観光協会を作りました。バス会社と提携して、即売もぎ取りを始めたのです。見ているととても順調だったので、こちらのグループも観光会社などに何度も足を運んで提携を持ち掛けました。しかしなかなか本気になって動いてはくれません。もぎ取りをやってみても、丁度多摩川の橋が古くなった頃で人の通りもなくなりました。それで仕方なく私や嘉山英雄さん、原田庄吉さん、原田實さんらのこちら側半分は直売に力を入れることになりました。街道に店を出して露天商のように各個人で即売しました。16号線でよく売れるようになったのだが、次第に本物の露天商が割り込んで地方の梨を安く売り始めました。しかし生産者がその場で袋を外してビニール袋に入れてあげた方が買う人も喜んでくれて、即売は10年から15年続きました。

その後稲城梨が作られて、即売だけでなく、稲城での直売も売れるようになりました。

その時に稲城梨に切り替えずにいつまでも長十郎を売っていた人は梨栽培のブームから外れてしまった感じがします。今はどちらのグループも地方発送と直売が主となっているが、過去の様々な取り組みが今につながっていると思いますね。

デコポンへの挑戦

現在南山の崖下の新しい農地にはデコポンを移植しています。デコポンが最初熊本の農事試験場で作られた頃は形が悪いため注目されなかったが、それを農家の人が丹精して今のように作り上げて売れるようになりました。それからブランド登録されたが、苗木はすでに出回っていたので、「デコポンという名前は商標登録されたので使えない、不知火という名前を付けて欲しい」、と苗木を買った植木屋さんから連絡があった。60本もの苗木をうちが買ったので苗木屋さんは覚えていたらしいのです。私はまず見て、買って食べてから栽培するかどうかを決めます。デコポンは食べて美味いから作ることにした。今後はお客さんにもぎ取りをしてもらおうと考えているが、木の背が高いからどうするかを思案中です。

南山の新しい畑で作っているデコポンはゆずなどに接ぎ木して移植しました。働き盛りの木が50本です。しかし、移植先の土が悪いのか元気がありません。特に今年は例年になく寒さがひどくて、葉っぱが焼けたように枯れてしまってとても心配です。

◎――高橋さんの取材では貴重な体験談が泉のように湧いて出て、紙面がいくらあっても足りないほどでした。南山の新しいデコポン栽培がうまく進むことを心から祈っています。高橋さんの売店では遅くまで新高を売っているので我家では毎年買って翌年まで食べています。（12年12月から数回取材）

18 皆が良くなって初めて稲城の梨が発展する

篠崎孝晴さん・昭和17年生まれ・東長沼

常楽寺にある墓石を見ると、我が家の歴史は7、8代前から始まっていたようですが梨栽培は父が戦後の農地解放以後に始めました。それまでは小作の人は梨などの永年作物を余り植えることはできませんでした。

昔は収穫した米の約半分は年貢に納めていて、「1反で2俵半面」、つまり「1反でとれた約4～5俵の米の内2俵と2斗」が農地の借り賃でした。

昔の梨の肥料はわざわざ買うのではなく、あるものを利用して作りました。麦殻や畦道の草を寄せて屋敷に積んで、米糠やもみ殻を混ぜて人糞をかけ、積み直したりサンドイッチにしたりして手間をかけて作ったものです。また山は燃料用に利用していました。山の地主さんも千円か千五百円を出せば落ち葉くらいは掃かせてくれたので、笹などを刈って落ち葉をとるとそれが山掃除にもなりました。木の方は地主さんが使っていて、大きな地主さんでは1反7千円くらいの収入はあったと思います。梨の葉も田植え前の畑に広げて干してから炊きつけや囲炉裏に利用しました。それが梨の病気を防ぐのにも役立っ

篠崎孝晴さん

たと思いますね。

多摩川の砂利取り

昔は「はけ」と多摩丘陵の間を多摩川が大きく蛇行していたそうで、我が家のあるこの辺りは昔川の流れを治水して水田にした新田です。六小の前は多摩川の旧堤防でしたが、多摩川の底が浅かったために大雨が降った時には良く堤防が切れました。そのたびに村人が勤労奉仕に出て、蛇籠に石を詰めて堤防を固め、さらに山からとってきた山砂で堤防を固めました。多摩川が何度も氾濫したので多摩川の敷を下げ水害を防ぐために建設省が砂取りを始めました。治水工事は昭和初期から始まり、父がその関係で建設省の仕事をしていたのを覚えています。

砂を振るったり、運んだりするのは人力でした。作業は竹で編んだ「み」ですくって、振るいにかけてぐりと言うこぶしほどの石と小石と砂の3通りに分けました。それをセメントに混ぜてコンクリートにするのです。その後小河内ダムができて多摩川の洪水もなくなったことや川底が余りに下がったことで、多摩川の砂利取りは禁止となり、川砂採掘は民間業者が許可を得て行うようになりました。昔は必ず1日1回3時ごろに石灰を運ぶ列車が南武線を通りました。その後は青梅から第一石材が車で運ぶようになって、今はどうしているか、見かけませんね。

戦後は食糧増産のために第六小学校の旧堤防は、砂利をとった後に山の土を埋めて畑にし野菜を植えました。

農業ファンクラブに袋かけの指導をする篠崎孝晴さん（写真右）

梨の共同出荷

戦後は梨の共同出荷が盛んになりました。矢野口の根方は西坂の畑を梨山にして、面積も増え、間伐をしない色形のよい二十世紀を作っていました。また長沼本町は面積が広く、品種が豊富で、梨の収穫は長い時期にわたりました。押立の14軒も面積が広く、梨の生産量は多かったのです。しかし長沼の新田部落は、小作農家が多く、栽培面積が少なかったので、市場の仲買人も長くは取りに来ませんでした。また神田の丸イチや丸東は高級品といわれる二十世紀を都内向けに扱っていたため、新田部落には回ってきませんでした。それで新田部落は共同で西多摩運送や岡田運送に頼んで2トン程度の車を借りて福生や青梅に梨を出荷しました。車を借りるのにはお金がかかるので、長くは借りられずに梨の販売を早めに切り上げました。こういった苦労は部落毎にそれぞれあったのではないかと思います。

梨の剪定

剪定について短果枝と長果枝を比較すると、短果枝の方が花粉の留まりが良く、長果枝は良いものがなるが留まりが悪く、一長一短です。また私は昔は枝を伸びるだけ伸ばしていましたが、現在は4坪の広さに梨一本植えるやり方です。地の浅いこの辺りでは小面積に本数を多く植えるやり方が合っているようです。

接ぎ木は花芽の方の枝をくさび型に削って、土台になる木を10字に切って差し込みます。4月の初めに伸びた枝の上を切るとその間の枝から枝が伸び、花芽をとると枝芽になります。剪定も同じで、枝が上でなく真下に行くように15センチ間隔くらいで花芽を残し、枝芽にした芽は2芽残して切ると花芽がつきます。力がない芽は葉芽になり古いのは残します。そうやって毎年梨を育てています。

私は16歳から梨を始めて、2年後には資材の注文も任されるようになり、29歳の時には父が亡くなったので、近所づきあいや会合にも自分が出るようになりました。周りは30歳も離れた年上の人ばかりでしたが、おかげでいろいろなことを学びました。

長十郎と稲城

父から梨栽培を受け継いで間もなくのこと、ある年日照りが続いて、長十郎の実がガリガリになり出荷するのも申し訳ないほどになりました。しかしその時、「稲城」だけはみずみずしくおいしかったので、この品種は稲城の土地に合っていると感じました。当時は新世紀や長十郎、菊水、清玉を主に栽培していた頃でした。「稲城」は赤くなってからもぎ取ると実がこんにゃくのように柔らかくなって日持ちがしないと言われていましたが、もぎ取る時期を早めることで、その欠点を解決できるようになりました。また稲城をブランド化する組合の意向があって、産地を限定したのも効果的でした。

今は米や野菜、梨とブドウを作っていて、天気の日は毎日外で働いています。梨作りを続けるためには親の仕込みと自分の努力が大切だと思います。ただ何となくではなく、品評会の時などに上手な人に技術を教えてもらうことも大切です。私は人から教えを請われたら何でも惜しげなく伝えることを心がけています。自分だけが良くなりたいというのではなく、皆が良くなって初めて稲城の梨が発展するのだと思いますね。

進藤さんが稲城を発見し、先輩方がブランド化に努力してくれたおかげで、梨作りを地道に続けて来た農家の努力が報われたことは、本当に幸せなことです。

有の実会の活動

十数年前、私が販売課の顧問役の時に、京王線の売店を運営している業者が農協にやってきて、稲城駅で稲城の梨を販売して欲しいと持ちかけて来ました。当時は区画整理もなく、農地面積が広く、梨の数も多かったので小松屋さんと2人で稲城駅で始めました。すると成績が良かったので、若葉台でもやって欲しいと言われ、そこから本部の販売課で参加する農家を募集してもらいました。代替わりして人手が足りずに売店を開けない農家にとっては有難い事で、それからどんどん応募が結構ありました。それが広がって、今では12、3人のメンバーでペアテラス、若葉台駅、稲城駅、多摩センター駅、聖蹟桜ヶ丘駅、府中駅、大丸とよみうりランドの銭湯を分担しています。それぞれ近い駅を分担していますが、梨が足りなくなる時には臨機応変に融通し合っています。よみうりランド駅はすぐそばに梨屋さんがあるので、丘の湯に置いています。一番の問題は売値です。協定価格で卸していますが、そうするとお客さんは市中よりも割高で買うことになります。余り高くてはお客さんに申し訳ないし、売れ残りが出ることにもなります。業者には、大変だけど市中に近い値で売って欲しいと伝えています。

接ぎ木の方法を見せてもらいました

◎——篠崎さんは昔の稲城の暮らしや風習に大変詳しく、何でも丁寧に教えてくれる生き字引きのような方です。梨やブドウ、米や野菜だけでなく、沢庵まで手作りし、そのお味は絶品です。また農業ファンクラブでは花粉付けや袋かけを教えてもらっています。（13年から18年まで数回取材）

19

梨の指導者、牛村技師のこと

勝山道子さん・大正12生まれ　70代男性・東長沼

梨の資料には「牛村技師」の名前がよく登場します。どんな方だったのか知りたいと捜し求めて、やっと東長沼の勝山道子さんと70代男性お２人に、お話を聞くことが出来ました

梨の発展に尽くした牛村技師—勝山道子さんのお話し

牛村技師のお孫さんである牛村義男さんとは今もご縁があり、何かの折には電話や手紙をやり取りしています。

なぜ牛村さんとそのような関係があったかは私達家族が稲城に来る前にさかのぼります。

私達は稲城へ来る前は中野の桃園町に住んでいました。牛村さんは東京府立農事試験場の技師で、私達の隣にその場長さんが住んでいました。私の義父は国家公務員で、同じ一角に住んでいたのです。私達はその場長さんに東長沼の篠崎隆吉さんを紹介されて稲城に住むようになりました。篠崎さんの梨園では牛村技師が梨作りの指導をしていました。しかし牛村技師は早くに亡くなりました。

牛村さんの奥さんは戦時中に篠崎隆吉さんのお宅の一角に疎開のような形で住んだ後、正式に引っ越されました。奥さんは稲城の婦人会の初代会長を昭和23年に一期だけ務めました。そのあとは芦川さんや、富永さんらが務めたのですね。その後もご家族でずっと隆吉さんのお宅の隣に住んでいましたが、区画整理で立ち退いて、お孫さんの仕事の都合で板橋へ転居しました。

義父は稲城の自分の庭で篠崎隆吉さんに指導してもらって梨を作っていましたが、隆吉さんは誰にでも優しく本当に良い方でした。隆吉さんのあとを継いで息子の亨さんはずっと梨を作っていましたが、亨さんが亡くなってからは区画整理で家や農地が動き、梨園はなくなりました。

原島清一さんのお父さんがＰＴＡの会長の時に、私は「稲城」を作った進藤益延さんとＰＴＡ活動を一緒に務めたことがあります。とても熱心に取り組んでいました。清玉を生み出した川島☒象さんも有名ですが、進藤さんは川島さんを目標に努力していたようです。それだからこそ今の稲城の梨作り大物であることを心得ていたようです。進藤さんは川島琢象さんがあるのではないでしょうか。（13年11月から数回取材）

清玉の誕生と川島琢象さん—70代男性のお話し

稲城で生まれた清玉は川島琢象さんが長年の苦労の末に作った梨で、長十郎と二十世紀をかけて作られたそうです。二十世紀は虫がつきやすく、剪定や消毒が大変です。栽培法が難しいため、高級品として売られていました。その二十世紀を何とかしたいと研究したのが清玉園の川島琢象さんで、作られた清玉は二十世紀と違って病気が少ない特徴を持っていました。

清玉は山に近い方ではすごく立派なものができるのですが、多摩川側で

清玉の原木に実った清玉

清玉園に残る清玉の木肌

はお尻が膨らまずに平たくなって中には割れてしまうものもあります。これは山側と多摩川側とでは土地が異なる為です。

三沢川から山側は湿田で、稲を刈った後は稲の束が埋まるくらいでした。しかし水が豊かなので山側は米が1反で10俵もとれたのですが、川側のこちらは6俵くらい。でも山側は二毛作はできず麦は作れません。だが米の方が麦の3倍の価値があって、米1俵が8千円のところを麦は3千円だったからやはり水や土の良い所は有利です。梨も山側は1反で1トンも2トンもとれました。

山側は上部に山の土が堆積していて砂地までの層が厚く、梨の木の根が深く伸び、樹勢は強い特徴があります。ですから樹間を広くとってやると、枝がどんどん伸びて、多摩川側の2倍もの実を付けます。

しかし、欠点もあります。実の熟す8月以降は肥料を切りたいのですが、根が深いためにいつまでも栄養を吸い上げてしまいます。すると、実以外にも栄養が行くため味が薄くなってしまう場合があるのです。このように稲城の中でも、山側と川側では土が違うため、梨作りも違ってきます。農家はその土地にあった作り方を研究しています。

牛村技師と二十世紀の栽培技術を研究した篠崎隆吉さん

稲城の梨作りに貢献した牛村技師の奥さんが篠崎隆吉さん宅のお隣に住んでいたことは知っています。牛村さんは稲城で梨栽培の指導をしていました。戦争中は牛村技師の奥さんが亭さんの隣に疎開され、戦後稲城に引っ越しました。私の父は、篠崎亭さんと一緒に牛村さんの引っ越しの時に家財道具を稲城まで運びました。

清玉と満月と幸水

牛村さんは篠崎隆吉さんの梨園を試験場として研究し、隆吉さんも牛村さんに二十世紀の栽培技術を指導してもらいました。そのため隆吉さんは二十世紀づくりの名人になり、茨城や福島方面（埼玉とも言われている）まで出かけて二十世紀作りの講師をするようになりました。しかし立川試験場の先生方とは異なり、短果枝作りだったので、いろいろ苦労したと思います。

隆吉さんは地方に講師として出かける時には背広にオーバー、高シャッポをかぶって泊りがけで出かけて行きました。昭和20年代と言えば国民服、緑色の軍服が普通だったので目立ちました。牛村さん夫婦の娘さんが結婚したときには確か亭さんが仲人をしたそうです。（17年～18年5月まで取材）

◎――稲城の梨と勝山道子さんが密接な関わりを持っていたことに驚きました。資料によると、「大正8年に東長沼と矢野口の組合が合併して「稲城果実生産組合」を作り、産地化を目指した。同年に東京府農事試験場が東長沼の篠崎隆吉梨園を委託試験地と定め、牛村技師を派遣し、昭和2年まで指導を行った」とあります（日野市果実組合75年史）。また牛村技師は昭和15年に59歳で亡くなったそうですが、稲城の梨作りの指導者として親身になって働いたので稲城のガンジーとよばれたそうです。

20

手堀で用水の流れを変えた苦労

小俣治男さん・昭和5年生まれ・矢野口

今は梨2畝と田1反5畝が残るだけで殆ど販売はしていません。区画整理で梨を切った時には涙がこぼれました。こんな指くらい細い時から仕上げたのにと思ってね。梨の木に酒をあげてお礼を言いましたよ。梨が一人前になるには10年かかります。

また、家の前を通る人から「この田んぼを見ると故郷を思い出す、ずっと残してほしい」と言われることがありますが、田んぼは区画整理が終わる時にはなくなることになっています。でもそれまでは続けたいですね。

小学生の頃には養鶏や梨、水田をやっていました。大丸の芦川才一郎君とは用水のことで10年間一緒に活動したので今もよい友達です。現代の大丸用水ができたのは昭和30年代で、管理は組合、水量の調節は市がやっています。それ以前には、水が欲しくて多摩川の流れが変わると手で掘って稲城の方へ水を誘い込んだものです。それから1か月くらいは朝の8時から夕方の5時まで毎日出て見張りました。とり入れが終わって年が変わるとまた水の問題が起こるんです。私の親父も用水委員をやっていたんですよ。だから堰ができたときはみんな大喜びでした。いくら陳情しても進まなかったが、当時の東京都議の大久保留次郎さんの口利きで実現したんです。それからはスイッチを押せば大丸から入って菅へ出るようになりました。ただ、昔は川さらいをするとドジョウもナマズもフナなどの魚もいっぱいいました。その後コンクリートにしたら生態系が壊れて皆いなくなりました。コンクリートでは魚の休むところがないからですね。

小俣治男さん

地域で保護司の仕事を12年間務めました。長沼の森正平さんも同じ保護司でした、保護観察の人は毎月報告に来るのですが再犯率は5割で更生は簡単な事ではありません。中でも覚せい剤が一番怖い。だんだん薬の量が増えていくのです。私が「今は真面目にやっている」と報告した矢先に、警察から「その人はまた警察に捕まっています」と言われたこともありました。「まさか、あの人が」と妻とがっかりしたものです。やくざの人と渡り合って怖い思いをしたこともありますが、少しでも人のお役にたてたことが良かったと思います。

小俣治夫さん宅の水田と梨園

奥様のお話し—夫の急逝

夫は病院が大の苦手で、昨年の3月の定期健診の日もしぶしぶ病院に行ったのです。ところが、診察を受けた先生から「今日は帰れないよ」と言われてそのまま入院になりました。しかしあくる日もその次の日もどこが悪いのかと思うくらい元気でした。ところが三日目の朝に病院から連絡があって駆け付けた時には間に合いませんでした。私はいまだに夫が亡くなったことが信じられなくてどこからか帰って来るような気がしているのです。あまりにもあっけない事でしたが、長く患ったこともなく87歳まで病気もせずに元気だったので、この頃はこれで良かったかもしれないと思うことにしています。この辺りの景色はすっかり変わって、家の前の田んぼはなくなってしまいました。夫がもし今の景色を見たらきっとすごくがっかりするのではないかと思います。

◎──私は時々小俣さんのお宅の前の道路を通ります。道路沿いには広い田んぼがあって、季節ごとに稲の生長を見ることができました。しかし最近の事、水田が埋め立てられて大がかりな工事が始まりました。榎戸最後のたんぼでした。（13年から数回取材）（18年奥様に取材）

小俣さんのお米

榎戸区画整理事業の様子

21 捕虜生活から帰還して梨づくり

上原 侃さん・大正14年生まれ・矢野口

我が家は下菅の上原家が総本家です。おばあさん（奥さん）は向ヶ丘遊園の出身です。東京の大きなお屋敷に奉公して、これは花嫁修業のようなものですが、それからこちらに嫁いできました。

この辺はもとは一面の田んぼで、家の前の道路から山側は桑畑でした。矢野口の根方は砂見、安末（あび）、谷戸、東の4つの部落に分かれていて、うちの安末部落には家が13軒あって、殆どが現金収入を得るために養蚕をやっていました。天井裏に蚕部屋があって、できた繭は農協に持って行っていました。鶴川街道から南の人は三沢川を用水に利用して、北側の人は大丸用水を利用したのですが、田に引く用水の事ではよく喧嘩が起こりました。

上原侃さんご夫妻（表紙絵のモデル）

私は同級生の中では一番に赤紙が来たのです。最初は新疆の陸軍病院の衛生兵に配属されました。負傷者を助ける役目で、グループで治療しました。看護婦6名、自分達4名、軍医、少尉の部下であちこち治療に回りましたね。そこで治療に関するいろいろな事を教わりました。現代は人間がきれい好きになり過ぎていますね。少しは体にばい菌も入れなくてはと思います。

それから満州ハルピン二〇九部隊でチチハルの国境警備隊をやっているうちに終戦になり捕虜になってウクライナで3年過ごしました。石炭おろしの仕事をさせられました。食い物は少しなので松の木の皮を食べたりして凌ぎました。アカザの葉っぱも食べました。私は田舎育ちでそういう知識があったことが身を助けたと思います。例え脱走して逃げても、1日10里歩いても日本につくのに3年半かかるから我慢するしかありませんでした。寒くて鉄物は素手では触れませんでした。1つのベッドに足と足をつけて6人が寝ました。朝、「おい、当番だ」と仲間を起こしたら死んでいたということが何度かありました。また自分の身を守るためにロシア語も覚えましたよ。「ロスキー」、「カレスキー」、「キタイスキー」、「ヤポンスキー」など、今でも簡単なことは分かります。

そしてようやく昭和24年7月20日に復員して舞鶴に着きました。私が帰るという電報が先に届いていたので、父が3日間私の帰りを待って矢野口駅に詰めていたそうです。舞鶴に着いてからいろいろな検査があってすぐには帰れなかったのです。4日目にやっと家に帰ってきて、着くなり「何しろ寝かせて下さい」と言ったのを覚えています。その時に兄貴が戦死していたことを知りました。私の戸籍は除籍されていて、×印がついていました。

私の兄弟姉妹は男2人であとは女です。両親も老いていたので、帰って来た時には小作地がありませんでした。働き手のあるうちは小作地を農地解放でただ同然でもらったが、うちは解放された農地はなく、自力で農地を増やすしかありませんでした。

農業をやめたいから譲りたい、農地を交換したいなどの話があった時には、杉山稲五郎さんがまとめてくれ、とてもお世話になりました。それから今までずっと農業専門でやってきました。

市場出荷から引き売り、宅配へ

梨は終戦後に私が作り始めました。食べた梨を植えて育てたり、苗木を安行で買ったりしました。安行へは大勢で電車に乗って行きました。長十郎の苗木を買って、水田に山の泥を持って来て埋め立てて、梨を植えました。赤だにが発生するので7月、8月は1週間に一回は薬をやらなくちゃいけない。梨の味が落ちますからね。昔は木の箱に麦がらを入れて市場に出したものです。泉屋さんの所の寄場に持って行って、初めは一貫で青梨の二十世紀が大体90円、赤梨は長十郎で60円でした。

上原侃さん手製のアカザの杖を持った奥様

市場に持って行ったらセリにかけられるのです。

家内は多摩川の向こう迄自転車で行って一軒一軒を回って売ったものです。多摩川原と大丸の日本フィルコンの社員宿舎でよく売れました。最初は一個売りで、一度買ってくれたところは次に行くと待っていて買ってくれました。その後長沼駅の丸通で送りが始まりました。今の宅急便と同じですね。リヤカーに積んで持って行くと、石半箱を丸通の人がトラックに放り投げるので梨が傷むのではないかとひやひやしました。また貨車で汐留へ運ぶ便もあり、日にちはかかりましたが、どちらも市場よりも値は良かったですよ。

それから直売が始まって稲城梨を宅急便で宅配するようになった。1個が1000円だが甘味があるし実は柔らかいしうまい。注文が稲城梨に集中したので安行で買った長十郎に稲城梨をついで行きました。

宅配をやりながらも新しくできた団地に車で売りに行ったり、以前農閑期に勤めていた知り合いの会社にも売りに行きました。

今梨をやめたのは首が動かなくなって手術したからです。医者から上を向いてはけないと言われたのです。でも野菜を作っていますよ。息子が土日には手伝ってくれています。

◎——上原さんに早くこの本を完成させてお届けしたかったのですが、校正の為再度訪ねたところ、つい1ヶ月前の平成29年12月に亡くなられたと奥様からお聞きしました。本当に申し訳ない思いです。表紙の絵は仲良しだった上原さんご夫婦がモデルです）（13年9月取材）

22 人の為にやろうという実行力の大切さ

城所博さん・昭和4年生まれ・矢野口

矢野口は入り口が八戸口と言ってそこから上に8軒家があったそうです。大昔は穴沢天神までが多摩川で、台風などで土が堆積したため、地盤は多摩川側は砂利でそこから穴沢天神に向かって岩盤→小砂利→沖積層→沼田→西山の砂と地層が変化していて、矢野口一帯はどぶっ田だった。だが、大正12年の関東大震災からガラッと変わりました。立川断層が割れて地下に水が浸み込み、庭が割れて水が噴き出した。全体がどぶっ田だったのは震災までで、水田はどぶっ田だったが三沢川のヘリは乾いた。自分が子どもの頃、山側の根方は蓮田、沼田で、入ると沈んでしまうほどでした。

矢野口一帯は水田地帯で、戦後しばらくは米作だったが、昭和36年頃からランドの山が売れて、農家にお金が入り、貸家が次々に建てられた。また田んぼは梨畑に変えられていきました。

城所 博さん

梨の品種と販売の変遷

「吉野」は原田さんが南武線の線路脇に生えていたものを発見して、井西さんと育てた梨で、井西さんの園名の吉野を付けたのです。大きい梨だったがそれほど広まらなかった。昔は品種改良が盛んに行われた。私が子どもの頃には八雲という小さい梨を市場に出した。長十郎、二十世紀、菊水もあった。その後に新高が出た。加弥梨は加藤さんが作った梨で、その後進藤さんの稲城ができたが品種登録はできなかったそうです。

私が小学校5年の頃は梨を手車で市場に出していました。船で多摩川を渡って調布へ行って東京へ運びました。調布までは親が引くのを手伝って、田の中を子どもが後押しし、甲州街道の滝坂をまた子どもが押しあげて、神田や新宿の淀橋市場に出しました。手車のあとはリヤカーになった。市場出荷では叩かれて二束三文になり、神田市場で売れる梨園は何軒もありませんでした。矢野口の渡しは地域から船番が交代で出て乗船料をとったが、矢野口の人は無料だった。押立にも渡しがあったが、押立は昔は府中市でしたね。

戦後は集荷場へ持って行って市場出しをした。市場の開始に合わせて果物屋が買いに来る。どの家でも箱を何10杯も作って梨を詰めて市場出しをしました。各家に園名があり自分の梨園は大和園と言い、大和園といえば有名で、新宿、松原、神田に出荷してました。今の山本運送は山亀園といい、うちとは良い競争相手でした。

梨は主に長十郎と二十世紀で、矢野口交差点のところに集荷場があって、梨を箱詰めにして持って行った。石半箱に長十郎を入れ、高級品として扱われた二十

運搬用梨籠（嘉山順江家所蔵）

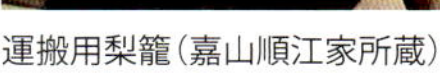

運搬用梨籠（嘉山順江家所蔵）

世紀は化粧箱に入れた。二十世紀は黒斑病にかかりやすく作るのが難しかったので、ボルドー液を予防に使ったが、余り作らなかった。戦後にニッカリンやホリドールなどの農薬ができてそれで何とか二十世紀が作れたが、猛毒だった。

集荷場へは神田の東印や〇栄（マルエイ）、新宿の淀橋青果などがトラックでとりに来た。良い梨を買い取る為に梨山まで市場の人が来て、面白い時代でした。矢野口には集荷場が2か所あった。便の悪い時代には新宿へ行っても高く売れたし、リヤカーを自転車でひいて松原市場へ行くと値がよかった。だが、市場では次第に各地方から安い梨が入るようになって、多摩川梨は安く取引されるようになってしまいました。二十世紀は鳥取、長十郎は千葉が産地でした。それでもぎ取りに移って行ったのです。

自分の家は梨のもぎ取りも一番早かった。日活撮影所の関係者が来てくれたが、組合から統一ができないとお叱りを受けた。でも一年経つか経たないかで皆がやるようになりました。

都内にビラを配ってお客さんを呼び込んだ。世田谷のはなぶさ幼稚園の園児がやってきて、座敷でお昼を食べてとても喜んだことが懐かしいですね。毎日のようにお客さんがバス2・3台でやって来て川崎街道の縁に車を止めてここまで歩いて来ました。それから街頭販売になり、人口が増えて庭先販売になった。そういった梨園の苦労があって稲城の梨が今迄続いています。

戦後の農地改革で救われた小作の暮らし

南山の畑には桑が植わっていました。府中に嫁いだ姉さんは蚕をやっていたので養蚕が衰退した時は大変だった。稲城でも養蚕から梨に転換した人は良かったが、そうでない人は取り残されてしまいました。苦しい地域で、殆どは小作人でした。

矢野口の地主は笹久保、長坂、城所、松乃園などで、自分は分家で本家は近くにあった。戦前は小作人が多く小作騒動が起きた。小作は作った米の半分近くを年貢で出した。11月、12月になると米俵で年貢を納める。1反歩で6俵とれるといわれたが、そのうち3俵を出した。残った米も良いのは直接米屋に売ってお金に変えたので、「しいな」という悪いコメが残るくらいでした。農家の女性たちは女中奉公して家を支えたのです。ただし金持ちの娘でも花嫁修業で世田谷の方に奉公することはありました。貧富の差が激しく、障子を張る紙もなかったほどで、その苦しい時代が農地解放でやっと変わりました。農地が自分のものになったのです。

戦前は裕福な人だけが議員になったが、戦後は選挙権が平等に与えられ議員にもなれた。

自分は第一小学校の卒業で、当時はクラス36名のうち3，4名が大学へ行ったくらいだった。上の学校まで行きたいと親父に頼んだが駄目で、高等小学校2年のあとは農業高等学校に3年行って特待生になった。田中甚太郎さんも特待生だった。

昭和38年当時は矢野口の各戸で鶏を2，3百羽ずつ飼っており、うちはその卵を集めて都内の商店に卸す集卵場でした。雛は種鶏孵卵場だった矢野口の新川さんから仕入れていました。農家の生活費は鶏と年1回の梨の収入でした。

土の会で研究したこと

自分は農家の若い人を集めて会を作りました。長男が主体でした。政治活動で共産党が組織を拡大した頃ですが、それとは別でした。農業を研究して貧富の差をなくそうという気持ちもあった。土の会は立川試験場に良く行って品種改良や特産品づくりを目指したのです。いちご作りを試みて苗床の研究をしたり、淀橋青果で知ったガラス温室（ハウス）も作った。久保田が作った耕運機を戦後一番最初に買ったり、アメリカからの展示があったメディティラー、これは良いものだとエンジンを買ってきて機械を作ってもらい共同で購入した。メンバー16人で毎月各家庭を回って研究会もしました。良いものを作ろうと皆熱心でした。

良いものを作るには費用が50％はかかる。化成肥料ではいいものはできない。魚（にしん）、大豆かすを配合したらよい。それらは発酵させせないで使った。鶏糞は梨の日持ちや味が悪くなり肌も良くない。昔は鶏糞は使いませんでした。

昔は強い農薬を使いました。稲にニカメイチュウが発生すると稲が実らない。動力噴霧器で農薬をまいた時代があった。ヒ素、ヒサン塩、ニコチン、ニッカリン。ホリドールを稲に散布して亡くなった人がいました。怖くなって米をやめた人もいた。

自分は土地を買って増やして行き、梨を作ったが、昭和38年に時代が変わって、年金法ができて国民皆保険になった。自分も方向を変えなくてはと思って当時長沼迄行かないと年金がもらえなかったので、郵便局を作ることにしたのです。

昔は今のように税金の税率が高くなかった。今は相続で次の代には土地がなくなる。そうならないためにはどうしたらよいかと農家の人の相談役になっています。農業では、菜っ葉一把が100円程度でそれでは生活できない。ランドに山を売った資金をもとに、農地を6畳，4畳半の2間の貸家にした。そうでない人は入ったお金で遊んでしまった。その後は時代の要請に応じて老人ホームの経営も始めています。

榎戸区画整理と梨の道

榎戸の区画整理が具体化したのが平成元年の頃。尾根幹線を通すための事業です。それ以前の榎戸周辺はランド通りから長沼までずっと田んぼで、道は車も入らない細いあぜ道でした。

地域の人がいろいろな理由で反対しました。梨園をやっている人達は農地が減るから反対した。また新住民の人は環境が悪くなるからと反対しました。

私は地域の発展のためには時代が変わっていくのは仕方ない、地域の発展を先に考えること、それが大切だと自分は思う。小さい住宅があれば人口が増えて子どもが増え、必ず地域は発展すると思う。現代は人を相手にして生きて行く時代になりました。区画整理は家が建つように土地を区切ってやることで、それが発展を生む。農家は土地を持ちきれない現実があるので、まず生活するために出来ることをしたらいいと私は言ってきました。

しかしブランドである多摩川梨を残したいと思います。そのために榎戸の区画整理事業では農地を梨の道周辺にまとめる予定だった。よみうりランドに遊びに来た人達がよみうりランドの駅を降りて自然と梨の道に来るように誘導しようと考えたのです。自治会館の入り口が広くとってあるのは、車で来た人がそこへ車を置くためで、私たちの夢が事業にはあった。しかし今はその計画がうまくいっていません。計画ではもっと農地が残る予定だったが幹線道路に出て農業をやめた人がいて、地主さんが少なくなってしまったのです。

榎戸地区梨の道予定地

私自身は今も450坪の畑があり、東京御所という柿を作って郵便局で売っている。息子が老人ホームの管理をし、孫が農協に勤めながら農業をやってくれています。

これまでを振り返って思うことは、人間は実行力が大切ということですね。思ったことはやってみるべきです。でも全ては自分一番ではなく、人の為にという気持ちからですね。それが大切です。

◎――城所博さんは毎日新聞を読んで社会勉強を欠かさない努力家です。とても懐が広く、多様な考えを受け入れて打開策を図る姿勢をお持ちです。いつかお見掛けした時は、ご自分の介護施設の利用者として楽しく散歩されていました。（13年から数回取材）

23 本郷部落の暮らしの今、昔

森 茂夫さん・昭和4年生まれ・東長沼

梨作りは自分で3代目です。親父が身体が悪かったので早くから親父の代わりに梨をやってました。第一区画整理の場所に山林が8～9反ありましたが今はアパートと駐車場にしました。

山は区画整理の前は急峻で、嵐で大水が出ると線路の向こう迄続いた梨山に流木や土砂が流れて堆積しました。また、昔は冬になると親父と一緒にクヌギやコナラなどを大体12、3年から15年周期でノコで切って燃料にしました。山を持たない人は山を持っている人からマキを1反とか2反分買っていました。竹の節を抜いて土に埋めて山から水を引いて煮炊きや飲み水に使いましたね。この本郷部落はお寺さんも含めて12軒、皆そうして暮らしていました。

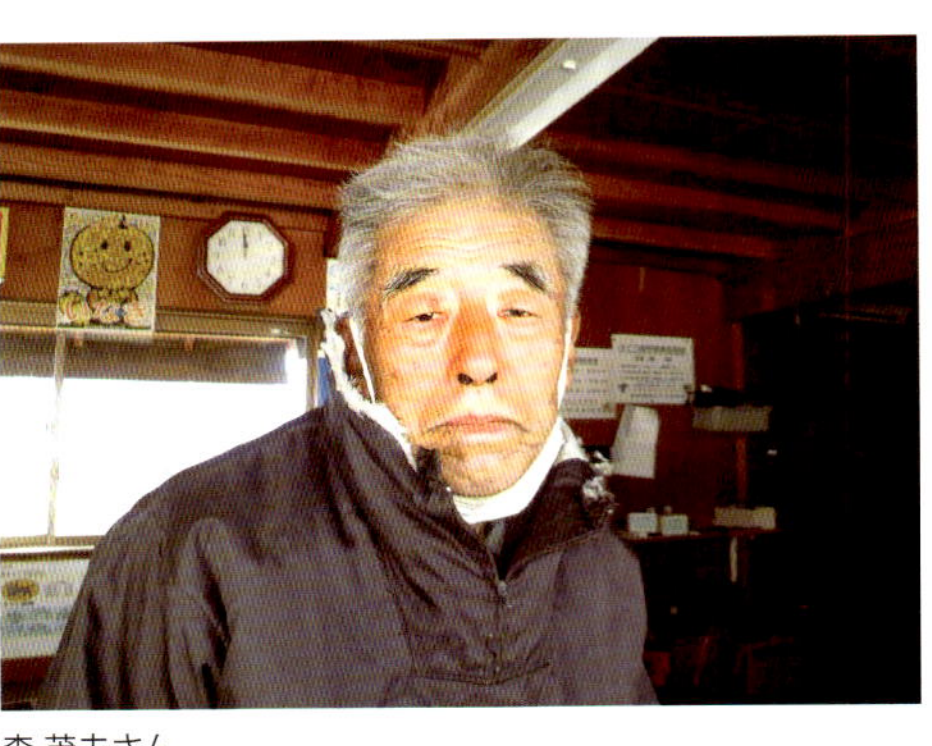
森 茂夫さん

うちでは親父が池に鯉を20～30匹飼っていましたが、昔は鯉の生血は肺炎に効くからということで生血を飲んだので、鯉をあげたり時にはお礼程度の金額で売ったりしました。

親父の時代には牛や馬を扱う人に頼んで梨を神田市場や築地市場に運んでもらっていました。朝の2時か3時に起きて梨を荷造りし、神田まで運んだのです。

その後集積所での共同出荷が始まりました。集積所は本郷・馬場・関場・後村の4つをまとめて本町組合と言い、新田は下新田・上新田に分かれていて、そこへ業者が車で取りに来ました。うちの方の集積所が坂になっていて、荷が多く出ると自動車が登れないので各部落から当番が出て後押しをしました。また都内から運んできた肥えを村の端に蓄えてそれを汲んで山の梨畑に持って行ったり、イワシの干したのが安かったので、粉にして梨の肥料に使ったりしましたが、次第に化学肥料に代わって行きました。

中央区画整理の前は農地が5～6反ありましたがその後減って4～5反になりました。今は細かいことは上さんがやって私はトラクターなど機械仕事をやります。モアという草刈り機があるおかげで今も梨を続けていますが、私は死ぬまで梨を続けたいですね。

奥さんのお話し

私が平尾からこの家に嫁いで60年がたちました。子どもの頃の記憶では、戦時中は山に横穴の防空壕を掘っていて空襲があると避難しました。皆そうだったと思います。坂浜の小田良に焼夷弾が落ちた時には自分は小学校の3、4年でしたが、そちらの空が真っ赤だったことを覚えています。稲城二小に通っていて、平尾の家までが遠いので、先生が「家に帰る途中で空襲があったら、何を置いてもとにかく近くの安全な場所へ避難するように」といつも言っていました。

終戦は小学校の3、4年で迎えました。二小から家へ友達と帰る途中、今のゴルフ場の入り口辺りに米軍兵士が数人たむろしていたことがあって、怖くて遠回りして家に帰ったことがありました。

中学校は稲城は遠かったので、親戚の家に籍を入れてもらって柿生の中学校に通いました。特別なことではなく、クラスの女子の何人もがそうしていました。

昭和33年に23歳で嫁いで来た頃には家の南側は南山と亀山山の稜線が見えて、山に囲まれていました。山で薪を切ると、山の上から下まで放って落としたんです。山から水が湧いて、それを梨畑の中を通して庭先の水元に引いていました。その水を利用して生活していました。水元から家まではバケツで水を運んで水瓶に入れておきました。この本郷部落は加藤と森が5軒ずつあって、皆そうやって暮らしていたのです。

山の畑ではイモや大根、麦も作っていました。麦の束を背負い籠に付けて常楽寺の間の細い道を通って家と山の間を行き来しました。

この辺りは昔から梨を作っていて、集荷所に持って行ってから荏原や東印などの市場に運んでいました。梨を12個入りで詰める化粧箱の箱うちが大変だったことを覚えています。今お父さんは耳の聞こえが悪くて、物忘れもあるけれど、梨作りは続けています。でも後継者がいないので、これから先は難しいと思います。

◎――京王駅北側の広い梨園で梨を作り続ける森さんです。本郷部落は燃料の山と飲料水の湧き水があったので、早くから人が住みついた場所だそうです。奥様の話からは戦時中の子ども達の暮らしぶりが見えるようでした。今後の梨栽培を案じている森さんに、市としての策はないのかと思いつつ取材を終えました。（13年に茂夫さん、18年奥様に取材）

今は懐かしい南山の崖

24 稲城梨を広めたことと農業の作る環境

須黒光男さん・大正11年生まれ・矢野口

我家は古くから梨栽培を行っていましたが、私自身は戦争から帰ってきてから梨作りを始めました。私が稲城の梨のために力を尽くしたことと言えば進藤益延さんが作った稲城梨を梨組合員に配るように算段したことです。当時は福島清伍さんが果実部長で、私は副で森正平さんが会計をやっていました。そして3人で進藤さんの所に行って、「稲城」の穂木をもらい受け、組合員に2本ずつ配るよう努力しました。進藤さんは「私の一生一代のものなので」と言っていました。「精根込めて作ったから大切にして欲しい」との思いだったのでしょう。果実部全体の人に行渡るよう矢野口・東長沼・押立の役員さんの所へ私が持ってゆきました。1人2本ずつでお願いしました。進藤さんは東京都内の組合長さんに数本ずつあげたようです。他の県の方にはあげていません。

また、稲城市で1番先にもぎ取り販売を始めたのは宿三屋の矢野口同志です。多摩川観光果樹組合というグループを作り、王子観光と旅行会社とタイアップして観光もぎ取りを実践しました。嘉山三郎さんが代表で、観光社の日帰り旅行で梨のもぎ取りと立川温泉に組み入れて貰い、もぎ取り販売を始めました。これに

須黒光男 さん

刺激されて果実部でも販売課が、これを参考にしてもぎ取りあるいは街頭に売店を作ってはじめました。それが現在まで続いているのでしょうか。自分は道路に売店を作る場所がないので、遠く厚木付近の道路に売店を作る場所を見つけ、そこで販売を3年位しました。遠いので前の日に梨をもぎ、準備をして、かあちゃんと一緒に朝自動車で売店に行き、1人はそこで梨を売り、自分は明日の梨の準備のため家に帰りそして又売店に行くという繰り返し。片道約25キロ2往復で100キロ、家に帰るのは午後10時過ぎでした。今思うと良く体が持ったものだと思いますが若かったからできたのでしょう。その後、調布の布田の品川道に売店をつくり、そこで40年位販売して現在に至っています。母ちゃんは大丸の人でお見合いで一緒になりました。

多摩川梨連合会は稲城全般と川崎が一緒につくったもので、川崎は登戸の人が主でした。最初は国税局が川崎と都の両方を見ていたのですが、それが分断されたこともあってそれを機に分かれました。以前は連合会の梨の売店が川崎街道にたくさん並びましたが、今はめっきり減りましたね。昔は花粉は自然交配でした。でも蜂が減って来たので、私が役員だった頃養蜂家に頼んで開花時期に蜂を放してもらったことがあります。高額の割には効果がありませんでしたね。その頃梨園の周りには菜の花がいっぱい咲いていて、そこへ飛んでいくのが多かったためで、それから人工受粉をするようになりました。稲城の梨の発展に力を注いだ人では立川試験場から芦川技師が良く来て剪定や農薬散布について指導してくれました。稲城の梨のために大変お世話になりました。

轢かれちゃうよ、早く逃げて

南山のクヌギ林

クヌギ林で見つけた雌のカブト虫

思い出すこと、思うこと——須黒光男・文

宿三屋の守り神として古い昔から稲荷神社がありその境内に数百年と思われる大きな松の木がありました。子どもの頃そこは寂しい場所で夜になるとフクロウが鳴き怖くて神社の周りの道は通れませんでした。大きな松の木も台風で枝がおれ、そのうちに木も枯れてしまいました。

その頃、神社の行事も子供中心であったので節分祭も神社に集まって「福は～うち、鬼は～外」と豆まきをして楽しい時間を過ごしました。その後稲荷神社本来のお祭りでありますが初午祭が始まり五色の旗を神社の周りに奉納し、氏子の方々が神社に上げた赤飯のお下がりを子ども達が貰い大勢の友人達と騒いで楽しかった記憶があります。

子どもの頃の子ども達の遊びというと、正月は凧をあげ、風があると色々な凧が空中に舞い上がってとても壮大でした。後は駒回しで相手のコマを弾き飛ばす遊びや隣の部落の子どもと戦争ごっこをして日の暮れるまで時間が経つのを忘れる位遊んだ思い出があります。

私の自宅の裏には水田と梨畑があり稲作用として多摩川から水を引く大

シオスメスペアーのかぶと虫

雄のクワガタ発見（南山で）

ミツバチも花粉付けの手伝い

丸用水があり、それを大丸、長沼、矢野口、押立と神奈川に流す小さな堀があり、ドジョウ、フナ、エビ、それと小さな魚もいてそれらは食用になりました。

田んぼには蛙が沢山いて、その鳴き声がうるさかった記憶があり、田んぼの土手には蛇がいて、青大将やヤマカガシが蛙を食べているところを見て子供心に気持ちの悪い思いをしたことを思い出します。

その当時榎戸は水田が多く除草剤や殺虫剤を使っていなかったので水田にはタニシがたくさんいてこれを拾い集めて茹で、後はつゆで煮詰めて貝の佃煮に見立てて食べました。

又、稲の収穫時期になればイナゴがたくさんいて、手で取って佃煮にして食べました。今はもうありませんが、昔は榎戸水田の所にお池があって、自然に地下水がふきだしていました。水は冷たく、イモリが4本脚で池の中を泳いでいました。背中は黒く、腹は真っ赤な色をしていました。水面にはシオカラトンボ、麦わらトンボなど色々なトンボが飛んでおり、秋になると赤とんぼが空一面に飛んでいたものです。

昔はこのように身の回りに豊かな自然とそこに住むたくさんの生き物がいました。

田んぼや畑や雑木林は農業が作り出した環境ですが、自然や命を生む場所でもありました。農業と自然が作り出すこの調和を、私達は失ってはならないとこの年になると思うのです。

◎――須黒さんは90歳を超えた現在も頭脳明晰で、昔の矢野口の商売の事、梨作りや販売の事など多くの事を教えて頂きました。これからもますます元気で、後輩を導いて欲しいものです。（13年から18年まで数回取材）

25 父の作った杉山梨

杉山義郎さん・昭和19年生まれ・矢野口

梨作りを諦めてミカン畑に

明治時代の頃、我が家は蚕をやっていましたが、後に水田に移行し、水田をやめてから梨作りを始めました。梨作りは父の稲五郎が戦争から帰って来てから始めました。最初は3反以上やっていましたが、現在は榎戸の区画整理で梨園の面積が減って、2反となりました。

父の稲五郎は大正3年生まれで私と丁度30歳違いです。父が亡くなって35年が経ちますが、父は何も教えもしないし、見て覚えろという人で、とても厳しい人でした。私は農業高校に通っている頃から既に父の梨作りを手伝っていました。良かったですよ。楽しかった。思い出がたくさんあります。自然が大好きですから。

梨栽培は平成22年頃までやっていましたが、体調を崩して仕方なくやめました。ですから梨をやめたときは情けなく、断腸のおもいでした。松乃園の原島清一さんには何でも相談しています。「梨は作れないけどミカンでもやりたい」と言った時も「それがいい」と言われてほっとしました。

杉山義郎さんご夫妻と弟さん（左）

杉山梨の事

父は新しい品種の梨を作りました。この辺では杉山梨とも呼ばれます。

杉山梨は新高と菊水を交配してできた梨です。普通の梨の4～5倍の大きな梨で、実は新高のように少し果肉の荒い梨ですが、切ってみると水が滴って水々しく甘く美味しい梨です。表面はつるっと滑るような肌で、大きいものは800から900gで黄色と緑の間の色をしていました。9月になってから熟す梨で、稲城と新高の間が食べ頃だったので、皆さんに喜ばれました。昔はライトバンに乗せて調布に売りに行ったものですが、道路が砂利道で、売店に着く頃には梨が一回転していました。

父は接ぎ木が好きで、その技術もうまかったので、他の梨園まで行って杉山梨の接ぎ木をしてあげていました。杉山梨は私が高校生になる前から作られていたと思います。私がまだ高校1年の時に、押立の篠崎明さんや近所の仲間に手伝ってもらって、うちの梨棚を鉄線に替えました。その頃にはすでに杉山梨はあったと記憶しています。

小泉陽さんの売店で杉山梨を売っていましたが、小泉さんの娘さんは「杉山梨はとても美味しくよく売れる」と言っていました。杉山梨の木はつい最近まであったはずですが、区画整理で切ってしまったという話です。残念です。

私も70歳を超えて、後継の事や体力の事などを考えて、夫婦で梨畑をミカン畑に替えました。ミカン狩りに来て下さるお客様も少しずつ増え、野菜やダイコン、ジャガイモ堀などの商売もし、楽しく過ごしています。

◎――杉山稲五郎さんが作った杉山梨がどんな梨だったのか知りたくて、息子さんの義郎さんに取材しました。農業ファンクラブでは毎年杉山さんの畑で、ミカン狩りやジャガイモ掘りを楽しませて頂いています。中でもジャガイモは本当に美味しいです。（14年数回、18年1月取材）

杉山さんの農園でダイコン堀り

26 親子三代で梨作りができる幸せ

川崎昭雄さん・昭和2年生まれ・押立

家は私で12代、息子の正一で13代目で、ずっと今の場所に住んでいますね。梨作りは自分を含めて3代前からだから明治からでしょうね。昔押立は多磨村押立で府中だった。

今の梨畑は50aで梨の前は養蚕をやっていたが、家の前に製糸場があった。自分の家にも機織り機があり、どの家でもそうだと思う。また私の家のつくりは、玄関の天井は穴が開いていて、階段が通じている。そこから天井裏に上がると、天井裏には木の板が渡してあって人が歩けるくらいの強度になっている。多分天井裏で人が作業できるようになっていたのでしょう。また、その家を建て替えるとき、壊した家に蚕の卵を産むための紙が出てきました。でも自分は養蚕の経験はありません。大丸の方では割に遅く迄養蚕をやっていたようだが、押立では戦後間もなく養蚕はやめて、水田を桃や梨に変えていった。

だが戦争直後は食料不足で農作物の自由販売ができなくなった時期があった。押立は梨より桃が先に作られ始めたが、戦後は梨や桃も米と同じように供出があったり、面積に応じて梨を米に変えるように統制を受けた。自家販売はヤミと言われ八王子の警察に引っ張られた人もいた。その後はまた田んぼは果樹園になり、桃や梨は市場へ卸

川崎昭雄さん

すようになった。共同の出荷場ができたのは戦後の統制がきっかけだったのではないだろうか。

市場は調布と、長沼駅の少し先の泉屋さんの所だったのでそこへ持って行った。押立共同出荷場は今の上原さんの隣にあって、そこへ持って行くとトラックが来て新宿の第一青果や神田市場に持って行った。上原さんの所には米つきがあってとれた米を自分の家でもみすりしてから精米した。矢野口駅の北側や多摩川原橋のたもとにも市場があって、そこへランクの少し下がる梨を持って行くと買い取ってくれました。

長十郎の頃は鉄砲籠と言う、竹で作った籠に入れて持って行った。二十世紀の頃は化粧箱で木箱（石油半箱）に入れたが箱を作るのがとても大変だった。木箱には園名が必要だったことから、今の梨園の園名は当時作られたと思う。園名のほかには多摩川梨と印刷してあり、大きく優れたものは「特」と上につけられていた。上等なものは有名なデパートのショーウィンドウに木箱のまま飾られた。神田市場へ随分出して世田谷にも持って行ったし自分でも自転車にリヤカーをつけて何度も行きました。

その後次第に市場売りが安くなって、路地、出張販売を始めるようになった。うちでは最初は新甲州街道に出た。道路沿いに土地を借りて、露店を出した。まだガードレールがなくて、車を止めて梨を買ってくれる人がいました。そのうちに交通量が増えてきて、販売が難しくなったので今度はまだガードレールがない青梅街道へ行った。しかしここも交通量が増えて段々売れなくなった。次には多摩市の市役所の所で売り始めたのです。

一時期稲城長沼駅から鉄道便で地方に発送したこともあったが、農家が一斉に梨を持ち込むのでとても混んだし、相手先に届くまでに時間がかかるため、梨が傷んで苦情が来ることもありました。

梨の売店前で川崎安昭雄さん

もぎ取りが始まったのはそれからで、バスや電車で大勢の人が毎日のようにやって来た。狭い農園では無理だから5、6人の農家が共同で取り組んだ。押立は駅から遠いので、バス会社が集めたお客さんが多かった。電車で来るお客さんは丁度ミゼットという車が出た頃で、稲城長沼駅までお客さんを迎えに行った。すでに電話があった時代で、電話で連絡をもらってから迎えに行って5、6人は乗せられた。市場出しより来てもらった方が良かった。面白かったね。うちは多摩川の通りにバスが入るように駐車スペースを用意した。

押立の上原さんはお父さんの時代からもぎ取りを大規模に初めて今でも続けている。お父さんは先を見る目があった人だった。もぎ取りは殆どが長十郎で、とても甘くておいしい梨だったが、ある時、長十郎がまずくなったことがあった。硬くてがりがりと石のようになった。もぎ取りがだんだん難しくなってきたころ、稲城梨の育成に進藤さんが成功した。丁度クロネコ大和の宅急便が始まった頃で、稲城の人口も増えてきて、地方発送が盛んになった。稲城で梨作りがやって行けるのは、宅配が始まったのと稲城梨の誕生が一致したおかげだと思っている。

私が果実部の役員をやっていた時に進藤さんに稲城梨の苗木を分けてもらった。森正平さん、須黒さんが長で、私は支部長の時だった。その頃は押立にも30人くらい梨農家があったが、今はかなりやめてしまった。

梨の仕事は殆ど毎日の事で、12月から1月にかけて剪定、1，2，3月に寒肥、肥やしをやる。枝を縛ったり芽を切ったりして、それから花が咲く。4月に花粉付け、それから摘果、袋かけ。その間消毒を10数回する。

昔の消毒は3人がかりで、薬をまく人と機械を押す人、それからエンジンを動かす人。最低でも2人は必要だったね。おじいさんの頃は冬に硫黄をまいて、これはシラミ殺しになった。今は使う人は少ないが、臭いが強くて、目に入るとすごくしみる。車や服についたら大変で、一般の人にかけてしまって大騒動になったこともある。その前はボルドー液をかけた。これは石灰とたんぱん（硫酸銅）を混ぜたもので黒斑病の予防だった。特に二十世紀はすぐ黒斑病になった。昔は限られたものでやっていた。その後ニッカリンやホリドール等の怖い薬が出てきた。ホリドールは冷血動物に効く薬で、人間も頭がくらくらしたり、目に入ると痛かった。農薬の袋にはいかにも怖いどくろマークがついていた。今は機械になってだいぶ楽になり、薬の毒性も弱くなって、回数も少なくするように指導されている。

梨だけで家族が食べていくには5反くらいは必要だね。

昔の堆肥は馬糞を競馬場からもらってきて、稲わら、マメ板を満州から仕入れて、しめかす（魚かす）を混ぜた。豚糞を使ったこともあったが臭くてすたれた。満州が日本の領土だったころにはニシンやいくらも豊富に使うことができて、逆に驚いたということだ。

3代で梨作りに取り組む川崎さん

今は稲城の農家は「梨配合みなみ」という稲城独自の梨用配合飼料を使っている。植物が基本で、油をとった後の大豆や菜種のかすや米ぬかに魚粉類、甲殻類のかすが加わり、骨粉や硫安、硫酸カリ、過リン酸石灰などが加えられている。狂牛病が出た時には骨粉は抜けた。

平成26年に車の免許を終わりにしました。これまで大きな事故もなく過ごせたと思います。15歳で小学校を出てからずっと梨作りをやって来た。私は戦争へはぎりぎりで行かない年代だったので出征兵士のいる親戚の農家の手伝いをしました。それで学校へは行けなかった。若い人の中には志願して戦争へ行った人もいました。昔は今のように生活水準が高くないから田んぼや梨で生計をたてられた。また梨農家の子ども同士の結婚が多く、親が決めて子はそれに従ったものです。また、跡継ぎがいない場合は養子縁組することも多く、松乃園さんは長男の定次郎が本気で梨作りに取り組んだ人で有名な梨作りだったが、子がいなかったためその弟の兼行さんが後を継いだ。その子が清一さんで今梨組合の代表をやって、家の為に頑張っています。

これまで本当に夢中で梨をやって来ましたね。今、我が家では自分の代から孫まで3世代で梨作りに取り組んでいます。

◎――川崎さんのお宅は親子三代が梨作りに取り組んでいます。お話しから、稲城の梨作りの目まぐるしい遍歴と、それを乗り切って来た農家の知恵と努力の大きさを改めて知りました。（13年12月、14年1月、18年1月取材）

27 15歳で大河原家に入って

大河原克己さん・昭和14年生まれ・東長沼

私は15歳の時大河原家に養子に入りました。朝、親に自転車に乗せられて「今日からここに泊まるよ」と言われて置いて行かれましてね。私の兄弟8人のうち2人が養子に行きました。大河原家からは「学校に行かせてあげるから（養子に）来いよ」と言われていたそうで、私は府立（都立）農業高校卒だったので合格していた筑波大付属は諦めました。でも農業高校に行ったお陰で人の輪が広がって良かったですよ。多摩地域どこへ行っても「よー、よー、」と言い合える相手がいるんです。大きな財産ですよ。実家とはその後も行き来をして

大河原克己さん

いました。

大河原の家は明治元年に新田に移ってきたそうです。以前は現金収入を得るために養鶏をやって、多い時には4千羽ほどいました。しかし近隣では相続のたびに農地が坪3千円位で取引され家が建ち始め、「鶏糞が臭い、朝早くから鳴く」などの苦情が増えて次第に養鶏はすたれていきました。横田章さんは最後まで養鶏を頑張った人、私の同級生ですよ。

議員として農業を応援

社会人になってから、「この地域には20年くらい行政とのパイプ役がいなかった」と考えて市議選に立ちました。1時間に1本の南武線しかない時代だったから、稲城のまちづくりに貢献したいと思いました。議会をやっていると新住民の要求が多く、こちらとの意識レベルの差を感じました。そこで少なかった農業予算を増やすことを目指しました。ちょうど多摩川梨やぶどうなどのブランド品が出てきた頃でしたし、川島琢象さんが稲城果実部の部長で、多摩川梨生産組合から稲城が独立した頃（昭和48年頃）でした。市から60万円の補助金をもらうことができた時は嬉しかったですね。

議員を退職してから梨栽培に戻りました。私の梨園では青梨、赤梨を多品種栽培しています。花粉をとるのと売る為の両方の目的で、8月～10月まで長い期間売りたいからです。清玉も作って売っています。清玉を指名してくる人もいますよ。姿形が美しいですからね。ただ、留まりが悪いので、工夫して作っています。

梨園で働く大河原さん

東長沼新田部落のこと

東長沼の新田地区は松本医院のところからうちまでの上、中、下の新田部落を合わせて一つの組織になっていて、川崎街道から南側の東長沼は本町という別組織になっています。新田部落の梨農家は今は15、6軒に減ってしまいました。特に新田西部で梨をやっているのは私1軒になってしまって、梨のことを話しあう仲間がないのが寂しいですね。

梨作りはこれからも続いて欲しいですね。息子は好きならば継いでくれると思います。稲城の梨作りは外へ出た人を大切にすることで続いていくのではないでしょうか。

議員を退職した今は一般市民に戻って地域のために働きたいと思っています。今日はたまたま明治神宮の参与の会合があってこれから出かけます。各地域から一人が出る大がかりなもので、100人ほどが集まります。順番で回ってくる役なので、きちんと務めたいと思いますね。

六小の3年生が花粉付けから収穫祭までを私の農園でやっています。六小区域では私の園しかないですね。9月の収穫祭を皆楽しみにしています。袋に自分の名前を書いてそれを収穫するのですね。

◎──稲城の梨農家100軒のお話しの中で、大河原さんが養子となった時のお話しは強く私の心に残りました。稲城の梨作りが続いた陰には農地を受け継ぐための農家の人々の様々な苦労があったのですね。（13年8月、18年1月取材）

28 稲城梨の発祥と新品種を生んだ人々

田中甚太郎さん・昭和2年生まれ・東長沼

田中甚太郎 さん

家の古文書から見る梨栽培

田甚園の創始者、すなわち梨栽培を始めた人は清一の5代前にあたる甚蔵です。その人が書いた古文書の中にあった梨売上下肥帳には、明治33年元肥は、下肥63本、売上げ14円55銭とあります。下肥を63本購入して梨の売り上げが14円55銭あったと解釈されます。また明治35年には売上げ52円10銭と伸びており、その外に駄賃として1駄50銭17駄とあり、梨を篭に詰め馬の背につけて運んだものと思われます。駄賃は馬方に払った賃金でしょう。吾が家では水田の代掻きや運搬用に戦后耕運機が発売されるまでは馬と1つ屋根の中で生活をしておりました。

さて明治末期から大正になりますと、大八車に梨を積み多摩川を舟で渡って東京方面への出荷が多くなって来ておりますね。大正3年は8月下旬の大雨で川止めになり、収穫期で熟した梨を抱えた農家は困っていましたが、9月1日に川止めが解禁となり、一斉に押立の渡しに急ぎました。

吾が家では祖父が消防組員でした。火災があり、鎮火後も警戒のため不在でしたので、まだ徴兵検査前の父が母親の後押しで出発されました。川は水量も多く、波も荒かったようでした。川の中程で舟が沈没し、流されましたが父は矢の口の渡しの船頭さんに救われましたが父の母親は亡くなられてしまいました。このような幾多の悲しみや苦労を乗り越えて農業を継続されたことは梨栽培の魅力と経済性の良さがあったればこそと思います。

自動車の無い時代には多摩川梨は千葉梨とともに東京市場を支えて来たのですが、輸送が良くなってからは、地方の梨に任せて、消費者と直結して、発送直売に切り替えてよかったと思います。これからも消費者に愛され親しまれる稲城の梨でありたいと願ってやみません。

尚、長沼はこちら（川崎街道から南側）が本村であちら（川崎街道から北側）が新田です。柳家さんの田中さんは多摩川の用水が良くなって新田ができたので新屋に出て木材商を始めました。常楽寺の本堂が関東大震災で潰れた時に、田中卯太郎さんが再興事業に参画されて木材を提供したと墓石に書かれています。

梨栽培の変遷

戦後の販売方法は市場出しから路地売りや観光もぎ取りへ移りその後現在の直売、宅配になりました。観光もぎ取りは戦後川島琢象さんがバスで誘導を始めたのが早かったですね。路地売りやもぎ取りは市場へ出すより良かったです。

近年は都市化や相続が原因で梨園が減少しています。以前は消毒にスピードスペリアを使っており､消毒で農家以外の人との摩擦もありました。現在は薬の回数を少なくし、防除暦を活用するように改善されました。また農薬は改良されて新しいものは毒性が弱まって安全になりました。果実部は生産課、資材課、販売課に分かれ、生産課は農薬についても研究しています。大昔はニコチン、除虫菊を使っていました。その後出た有機リン製剤は撒いた後にガスが出て、ホリドール、パラチオンは2日くらいは梨園に立ち入り禁止でした。出始めたころは喜んで使ったのですが、体には危険な薬でした。

明治17年に梨生産者が13名で共盟社を組織しました。梨は最初は大きな農家でなくてはできない作物で、多くの農家は米が中心でした。

稲城の梨は川島琢象さんの先祖が旅をした帰りに持ってきたのが元祖です。

明治初めに千葉から船で羽田へ持ってきて植えたのが多摩川梨で、大正時代に川崎と稲城の生産者で多摩川梨連絡会を作りました。長十郎は羽田の太子河原村で生まれた梨で、押立では船で梨の木を積んで稲城に持ち込みました。多摩川梨は府中、昭島まで広がりました。

戦後は多摩川梨の連合会が復活して、市場出しが主流になりました。夜なべで荷造りをしたものです。箱の部品を長坂さんが製材して農家に売っていたので、それを釘で打って箱にして、梨を箱詰めしました。箱には多摩川梨と印刷してありました。

その後市場出しの入れ物は箱から籠（朝顔）になりました。朝顔は市場に出すためのもので15キログラムが入りました。藤田さんが籠を作っていました。

その後のもぎとり籠は4キロ入るもので寿司屋の前に籠屋さんがありました。野趣満々でしたね。清玉さんが一番多く梨籠を使ったものです。100位はあったでしょう。

また鉄道便や日通便も出てきて、リヤカーで梨を持って行くと駅長が受け付ける仕組みですが荷痛みがして苦情もありました。自動車の方が傷まないですよ。現在は大和やユーパックになっています。

昔栽培していた梨は長十郎と二十世紀、新泰平、真ちゅうなどでした。真ちゅうは小さいがおいしい梨でした。

品種改良に取り組んだ人々

新しい品種は偶然に生まれることがあります。梨は突然変異や枝変わりを起こすことがあって、小山陽さんや、川島実さんの所でもありました。それはついでも元に戻りません。

いい苗木屋は山梨の枝に新しい枝をついで、それをくれるものです。

大正時代以降は新しい品種は人工的に交配してつくっています。東京府立園芸学校の菊池秋雄先生や農業試験場の技師さんがやっては、育成しています。花が咲く前に袋をかけて受粉してまた袋をするのです。琢象さんは長十郎と新高をかけて清玉を作りました。梨は編父性で不親和性を持っています。

川島琢象さんは軍人さんでした。敗戦の時にはフィリッピンで抑留され、日本に帰ってから大正時代に交配したものを育成してできたのが清玉です。何千本の種、枝を切って継ぐ作業です。清玉は種、葉が良く、樹勢が中庸と思います。

原田さん、井西さんが育てた吉野は鉄道敷きから生まれたもので、加藤さんは交配から「新泰平」（加弥梨）を作りました。以前は市場に出しました。

梨は長く販売するためには早生から奥まであった方が良いのです。「稲城」が栽培数は一番多いと思いますが、単品だけの梨園は少ないと思います。

「稲城」の生みの親である進藤さんは自分の梨園が少なかったので、あち

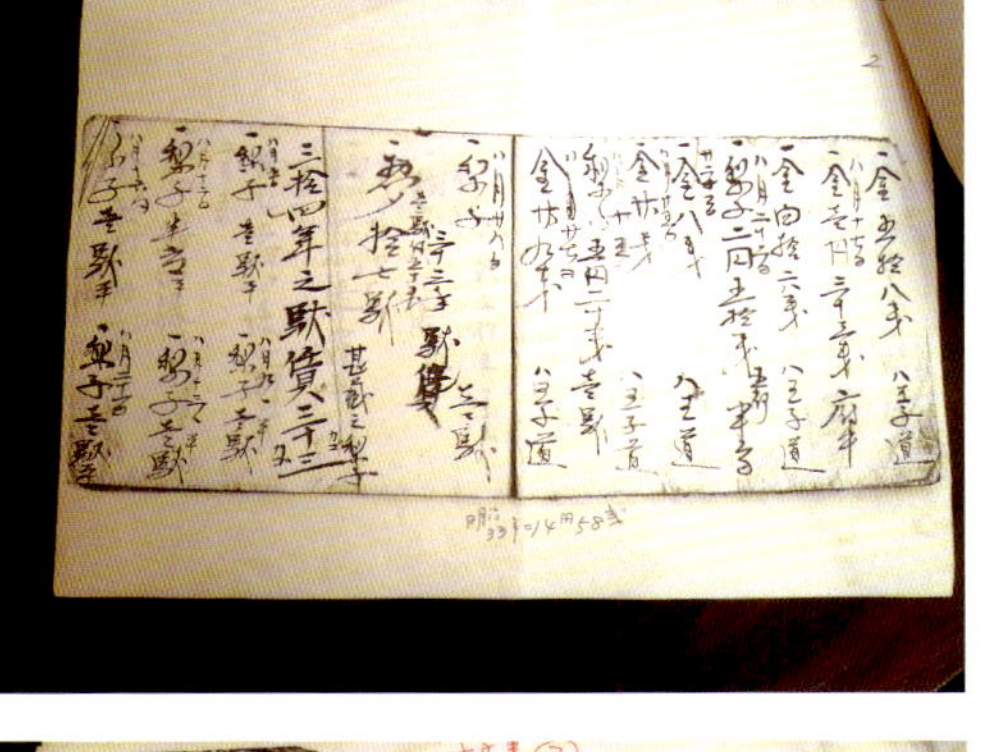

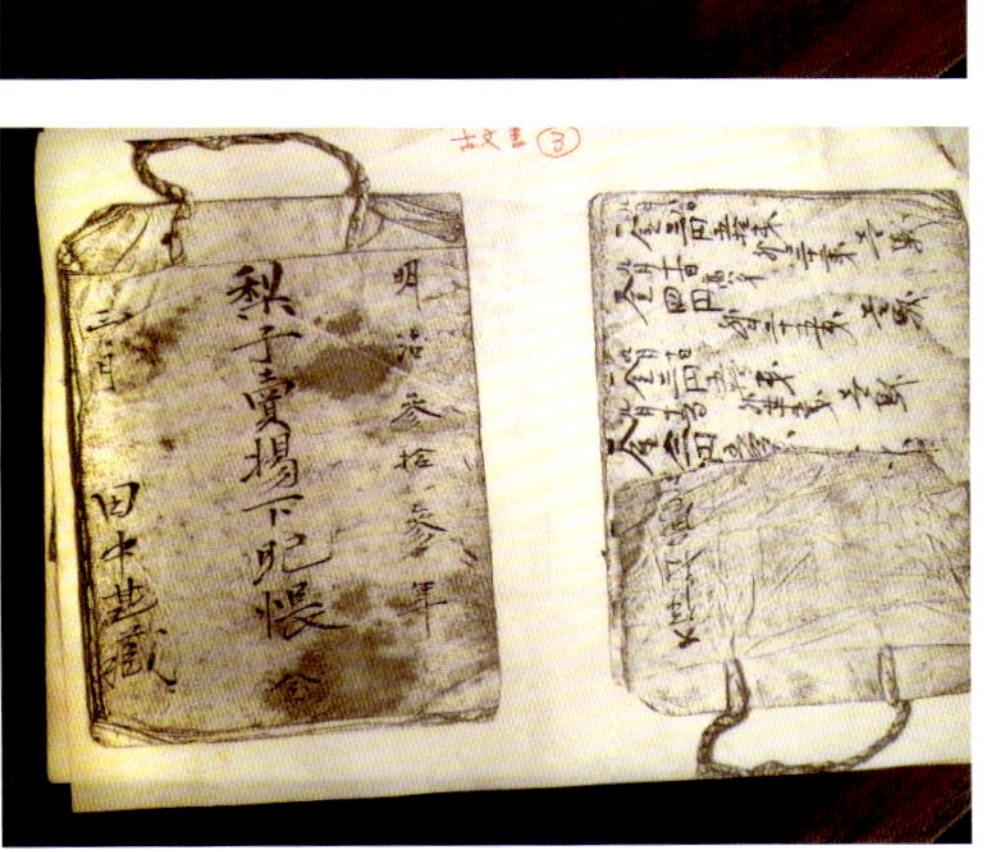

田中甚太郎さん所蔵の明治 33 年の梨売上下肥帳

こちにお手伝いに行っていました。
ひと月のうち10日位はそうやって、少しお金をもらっていたと思います。進藤さんは私の所へも来ていました。馬を扱うのが好きだったので代掻きをやってもらいました。夕飯を食べて1杯やると、新しい品種を作った時には「俺の梨は日本一だ」と言っていました。そのうち進藤さんは日本一というあだ名になったのです。進藤さんは理論家で選挙の応援は進んで引き受けていました。昔の農家は勤め人になる人はなく、次男、三男はお店屋に奉公したり、自分で店をやったりしました。稲城は多摩弾薬庫があった為に工場の進出が制限されていました。進藤さんは身長が高く予科練に2年行った後に予備兵になりました。予備兵は小遣いが支給されます。それから憲兵になりました。

農業高校と戦争

私も「木造船で体当たり」と言う特攻科の募集にも志願しました。親が何と言っても憂国の至情でした。青年学校の親方が川島琢象さんでした。

私は小学校の高等科を卒業して3年間府中の都立府中農業高校に行きました。成績優秀と言うことで特待生になりました。最初の1年は勉強しましたが、2年、3年は働き手が徴兵で出征した農家を手伝う勤労奉仕に派遣されました。作付けの時と収穫の時に、全国に農列車で派遣されました。私は北海道に収穫時の8月～11月まで回されて働きましたが、寒かったですね。ジャガイモ、アマ、大豆などの刈り取りを手伝いました。帯広は配給外米でした。夜に起こされて手伝ったのが眠かったですね。そばを倒す作業などもありました。生徒は1か月に1度だけ学校に集まるのです。

そして昭和20年3月に農業高校を卒業しました。卒業後は終戦までわずか5か月しかなかったから、青年学校の活動が主で、運動会や駅伝競走に参加しました。

都市化とこれからの農業

私が育つ頃はこの辺りは水田でした。私が子どもの頃は梨の面積は一反で、多くはありませんでした。私が小学校の頃に養蚕が始まりました。小さいうちは座敷で飼い、1平方メートル四方くらいの場所を粘土のような土で囲ってその中に火を入れるようにして、山からとれた木炭を百村の小宮さんに借りて、蚕を温めるようにしていました。蚕が大きくなったころには部屋を蚕に占領されて自分達はお勝手で生活するほどでした。

祖父は新宿あたりまで梨を持って行って、帰りに下肥を持って来ました。馬力は一台いくらで買っていました。

一昨年までは65ａ梨をやっていましたが、今は55ａで10ａは普通畑にしました。去年はその畑でサツマイモやネギを作って少々売ることができました。

都市化が進んで来てこの先を考えると心細くなりますね。農業を是非残したいので都市化の中で生きられるようなことを考えることですね。農薬にも注意が必要です。清一さん、弘さんはスプリンクラーでまくと農薬は飛び散らないと言っていますが、地中にあるから耕す時に壊してしまいそうで、うちでは霧の出る機械を買いました。

今、お客さんの殆どが地方への宅配です。品種によれば足りない場合もあります。量の確保には人手や面積が必要です。

息子は私の妻が亡くなってから農家を継ぎました。大学を出て12、3年の時でした。孫は社会勉強のためにも世の中に出た方がいいと考えてサラリーマンになりました。都市計画で市街化区域になって政策がまちづくりに動いていき、相続税の評価が高くなったので、相続の時は土地を売らざるを得ない現状です。農地相続すると生涯その人が作らなければならない義務が生じますが高齢者にはつらいことです。生産緑地は解除できません。都市農業をつないでいく良い施策が望まれます。

◎――田中甚太郎さんを始めて訪ねたのは旧ふるさとむかしむかしの取材時でした。以来時々お話しを聞きに伺うようになりました。特に渡し船の転覆のお話しは胸を打つものでした。是非大勢にこの事実を知って欲しいと考えて、後に小説に書かせていただきました。（08年以来数回取材）

29

中国から帰還した夫と始めた梨作り

川崎亀代子さん・大正15年生まれ・押立

中国から帰還した夫

私は坂浜の生まれで、結婚して押立に来ました。夫は太平洋戦争で中国に行き、そこで終戦を迎えて、その2年後にやっと帰還しました。それでもまだロシアの捕虜になった人よりは良かったと思います。

北朝鮮から帰って来た2級上の人の話では、戦争で飢えて極限状態に追い込まれると、自国の人同士でも食料を奪い合って相手を崖から突き落とすこともあったと聞きました。

戦争の時には、小学校高等科を卒業した16歳から特攻隊に志願できたので、私の出身地である坂浜からも何人も志願して出ています。今は想像がつかないかもしれませんが、皆、国がなくなるかどうかの瀬戸際だと思っていたのです。今の人とは考えが違います。

川崎亀代子さん

私の父は近衛兵でした。私達も大和撫子になるべく仕込まれました。軍人に仕込まれたのです。学校にもそういった教育をする学校としない学校がありました。父が挺身隊を募集する役をしていたので私は挺身隊に入りました。挺身隊というと、誤解する人がいましたよ。小学校でもお国の為に手伝う時代で、戦死した人は御国の為にと思って亡くなったのです。

ですから靖国参拝を非難することは私にはできません。皆が本当に国を思っていたのです。稲城でも特攻隊に行って亡くなった方もいます。平尾では2人、石井洋平さんのおじさん、平ちゃんが出征して亡くなりました。私の立志尋常小学校時代の同級生です。昔、坂浜の子どもはみんな立志尋常小学校に通いました。火工廠の土地の買い取りの時には「9時までにハンコウを持ってきて下さい」と言われて、有無を言わせずだったそうです。

梨作りの事、幼稚園の事

梨作りは結婚して押立に来てから手伝うようになりました。戦後間もなくは山の落ち葉を集めて堆肥にしました。

〈六園の梨と言えば、それはいい梨と言われていました。二十世紀、新高、長十郎を作っていました。出荷は出荷場へ集めると、そこへ市場の車がとりに来たのです。4時頃でした。6個入りの箱詰めは特級で杉の木の箱でした。12個入りは良いもので、箱を釘で打って作りました。すでに買い手がデパートに決まっていました。その後、品川道や甲州街道、競馬場の帰りの人々に試験的に売り出してみたらよく売れるようになりました。時には競馬ですってしまったからお金を貸してとお客さんに頼まれたこともありましたね。しばらくして、飛田給の辺りに直売所ができる畑があって、それを借りて直売を始めました。梨の箱を作るのが大変だったから、直売はよかったですね。

幼稚園は、昔幼児が多いのに園の数が足りなかったので作りました。しかし主人が55歳で亡くなったので、その後は梨づくりと両立させることになり大変でした。

梨は一年の実りが楽しいですね。園児の給食に出す時は8時から12時まで皮をむいてようやく間に合うのです。園で作った野菜も給食に出しています。みんなが喜んで食べて呉れると私も嬉しくなりますね。

◎——川崎さんのお話しは一言一句が大変重みのあるものでした。戦争一色に染められていった日本の中で、国や家族を思って戦争に志願した若者達を安易に批判することはできないと感じると同時に、戦争は2度と繰り返してはならないと思いました。川崎さんには我が家の孫が幼稚園でお世話になっています。（13年6月取材）

30 平尾の今昔と、農業のうつりかわり

馬場芳則さん・昭和32年生まれ・平尾

平尾の地勢と教育

平尾地区は多摩丘陵の東南にあたり、鶴見川の源流の一つになります。稲城市では平尾だけが鶴見川水系に属しそれ以外は全て多摩川水系に属しています。平尾と坂浜の境の学園通り周辺が多摩川水系と鶴見川水系に分かれる分水領になっています。

平尾は貧しい丘陵地の農村でしたが、昔は稲城六ケ村が神奈川県に属していたこともあり、麻生区方面との交流が多く、明治時代の自由民権運動の頃から、平尾全体が教育に熱心だったようです。明治大正時代には今の麻生区や多摩区の塾に通う若者が多く、私の祖父の芳雄も登戸の塾に通っていたそうです。

馬場丈助さんと芳則さんご夫婦

戦後の平尾周辺

平尾にはお店も学校もなくて、魚屋さんなどが二輪車でひき売りに来ていました。たばこや、おけや、とうふやなど、昔商売をやっていたことを示す屋号はありましたが、自給自足的な生活で、買い物は柿生や町田迄行きました。平尾で初めてできたお店らしいものと言えば昭和30年代に美望会住宅ができた時に入り口に開業した「ふじや」さんでしょうか。

私が通った坂浜の第二小学校は戦前には立志小学校という名前で、坂浜、平尾の子ども達が通っていました。立志小学校は１４０年以上になる歴史ある小学校で、以前は今の場所より少し下のＹＭキューソー駐車場の所にありました。太平洋戦争後の昭和30年頃、ブルドーザーで今の場所を平らにして移転しました。その後昭和40年代半ばに平尾団地の入居が始まって、初めて平尾に小学校ができたのです。もちろん、幼稚園、保育園などありませんでした。

中学校は昭和40年代まで稲城市に一つで稲城中学校という名称でした。稲城全域の小学校の卒業生が集まってくるので、市内の同学年の人とは顔見知りです。ただ、下平尾の生徒達は柿生の中学校に転入した人もいました。

今は一軒になった稲城の酪農・大塚牧場

平尾団地ができて、百合丘までのバスが開通し（まだ新百合ヶ丘駅はなかった）、その後天神通りが舗装され、稲城市中央部にもバスが通うようになって、平尾と稲城中央部との交通は飛躍的に良くなりました。平尾の道路は昭和30年代後半によみうりカントリークラブの造成にあたり、よみうりが拡幅したそうです。それまでは雨のたびにぬかるむ道路でした。下平尾は道路の行き交いが難しく、良く道路脇の田んぼに自動車がずり落ちたものです。拡幅後も

砂利道であることは変わりなく、砂利が偏ったり、道に穴ができると、平尾総出で道普請をして砂利を敷きなおしました。私も子供ながらに手伝った想い出があります。

第2小学校に集団登校する時に、よみうりカントリークラブの敷地内を通ることもありました。バンカーで砂遊びをしたり、グリーンでじゃれ合ったり、雪の日には雪だるまを作ったりしました。温かく見守ってくれたカントリークラブには感謝です。

平尾のメロン栽培、酪農、米作り

昭和20年半ばから30年代半ばまで、メロンを栽培して、神田、淀橋などの青果市場に出荷していました。今で言う黄色のきんしょうメロンです。集荷場が今の消防団詰所にあり、市場が取りに来ていました。しかし連作による土壌障害でできなくなり、代わって牛や豚、鶏などを飼う農家が増えました。食生活の欧米化で肉や牛乳や卵の消費が伸びた背景もあったのでしょう。我家では昭和30年代から50年代にかけて乳牛を20頭余り飼って森永乳業に集乳してもらいました。

我が家が牛を選んだのは、当時ヤギを飼って、その乳しぼりを祖母がやっていて、牛でもできると考えたからです。

当時酪農の収入はよく、毎日5千円以上にもなりました。ただ、生き物相手の酪農は休みがなく、私は両親と揃って遊びに行った想い出がありません。両親と、牛の餌のサツマイモのつるを相模原の瀬谷まで取りに行ったり、稲藁を三輪トラックにうず高く積んで絶壁の川の縁から運んだりしました。牛の餌作り、糞尿の片付け、搾乳も手伝いました。

ニュータウンと坂浜平尾の稲刈り

稲作もしていましたが、昭和20年代までは腰までつかるドブ田だったのを30年代前半に地区で協力して暗渠を施しました。それからは普通に田植えができるようになりましたが、山が浅いために、いつも水不足な上、養分が少ないからか、品種のせいか、お米の味は悪いものでした。小学校の修学旅行で宿のご飯を食べた時、「お米ってこんなにおいしいんだ!」とびっくりしたのを覚えています。

いなぎ野菜生産直売会―5千万事業

両親は昭和50年代に酪農を廃業し、野菜を細々と作っていました。平尾団地ができて人口が増えた為、団地へ野菜をトラックでひき売りする農家も出て来ました。

昭和の末から平成になる頃、東京都の農業振興事業で5千万事業という補助事業がありました。総額で5千万円の農業振興事業を実施すると、東京都から2分の1、稲城市から4分の1の補助が出る事業でした。まず矢野口、押立、東長沼など市街化区域内で果樹栽培を対象にした事業が導入され、平成元年に坂浜平尾の市街化調整区域で野菜栽培を対象にした同事業が導入されました。坂浜平尾では直売方法の確立に取り組みました。それ以前は坂浜平尾では野菜農家は個々に引き売りや市場出荷をしていましたが、個人の引き売りは生産と販売の両方の労力がかかります。また、当時主流だった青果市場出荷では、大産地に比べ近郊農家は荷が少く不定期なため安くたたかれてしまいました。そこで農家自身による直売の試みが都市近郊農家で始まっていました。複数の農家が直売会を組織して交代で販売当番をすれば、省力化や品数・種類の増加につながります。

まず1年目は計画立案や事業主体募集などのソフト事業を実施しました。父親の丈助、大塚和好さん、高橋勇治さん、高野廉明さん、白井季男さんらが中心となって直売参加者を募り、15軒の野菜農家による「いなぎ野菜生産直売会」が発足しました。2年目はハード事業で、当時の農協の平尾支店敷地内に野菜直売所を開設しました。農協のレジのお古を頂き、打ち方を習い、販売のパート女性をお願いし、収益が上がってくると出張販売用のトラック2台とテントも購入しました。毎週金曜日の夕方には全員が出席して価格調整会を開き、年一回の総会、正月休みの親睦旅行も行うようになりました。また東長沼の第2直売所や矢野口、向陽台、市役所での出張販売、市民祭りや駒沢学園のりんどう祭、明治神宮の東京都農業祭への参加等様々な事業を行いました。これは全て、「他人に売ってもらう受け身ではなく、自分達の直売所として自主運営を行う」という気概のもと、メンバーが努力した結果です。

それでも、雨の日に公園の木に雨避けのブルーシートを張って野菜販売したり、矢野口の出張販売に殆どお客さんが来なかったり、公園の寒風に耐えかねて販売台の下に隠れてストーブにあたったり、苦労もたくさんありました。農家のおじさん達はお客さんに「有難うございました」と言うことに慣れていないので、パートの女性から「もっと笑顔で」とアドバイスもされました。そんな苦労があって、今では世間話ができるほど馴染みになったお客さんもたくさんいます。最盛期には直売会全体で売り上げが3500万円ほどにもなりました。平成21年に金融店舗を直売所に改装し、新たなメンバーも加わって、平成22年1月に「平尾農産物直売所」を発足し、「いなぎ野菜生産直売会」は発展的な解消となりました。

野菜作りから果樹栽培へ

私は大学卒業後10年間コンピューターソフト開発の仕事をして、平成元年にUターンして就農しました。野菜作りや販売では地域の先輩方にお世話になりました。丁度野菜直売会が発足する直前で、野菜は市民祭りで販売したり、市場出荷をしていました。市民祭りの準備で大根100本余りを夜中の2時頃まで洗ったこともあります。市場では買い叩かれるので、市民祭りは有難いものでした。直売会ができたおかげで、販売は順調になりましたが、野菜栽培は耕運、施肥、播種、管理、消毒、収穫、片付けと一年中切れ目なく作業が続き、休みが取りづらいものです。また屈み仕事が多い為腰痛に悩まされました。さらに、直売所では同時期に同種類の野菜が出るため、どうしても売れ残りが出てしまいます。苦労して作った野菜が売れ残るのは本当に辛いものです。

丁度その頃、父親が農協の役員をやっていて、果樹農家の役員の方から、「梨やブドウは収益が良いよ、忙しい時は忙しいけど、休める時はしっかり休めるよ」とアドバイスをもらいました。平尾にはすでに高尾ブドウを栽培している馬場勲さんと石井義雄さんがいて、梨は白井玉留さんが栽培していました。そこで直売会仲間の白井正之さん、白井章夫さんと一緒に高尾ぶどう生産組合に加入しました。

ぶどう栽培

馬場勲さんの親戚で押立の上原下一さんが棚の作り方から栽培方法、施肥や剪定、消毒の仕方などを大変丁寧に教えて下さり、農業改良普及所や土方智先生や芦川孝三郎先生にも大変お世話になりました。石井義雄さんから、「ぶどう組合の役員をやればいろいろな人と顔見知りになれて、細かいところまで教えてもらえるよ」と言われ、支部の役員から始まり、最後は組合長までさせていただきました。高尾ぶどう生産組合では剪定、房作り、ジベ処理、粒抜き、消毒等様々な講習会が行われ、土方先生、先輩農家の横田武さん、原嶋弘さん、原田實さん、横田章さん、笹久保榮さんなどから指導して頂きました。高尾ぶどうのほかに、藤稔、柴玉も栽培し、1反5畝ほどの栽培面積になりました。平尾の畑は、黒ぼくや赤土で耕土が厚く、樹が栄養成長に偏り過ぎて、実のつき方が悪かったり、花振るいを起こしたり、実の着色が悪いなど苦労させられました。特に高尾ぶどうでは着色に問題が多く、平尾での栽培は大変でした。

梨栽培

梨は、川崎市多摩区中野島の親戚が梨を一町以上栽培していて、その親戚に教えて貰いながら始めました。親戚らが梨の苗木の育成に我が家の土地を貸してほしいと言ってきたのが梨栽培を始めるきっかけでした。その苗木を中野島に移植した後に、我が家に苗木が10数本残りました。そこで

最近使われている梨の肥料・配合みなみ

残った苗木（品種は幸水と豊水）と、稲城特産の「稲城」「新高」の苗木を市内の農家から分けてもらい栽培を始めました。当初は45本くらいから始め、台木に穂木を継ぐ方法を指導してもらい、さらに30本ほど増やし、3反5畝ほどになりました。直売所で梨を販売すると、平尾では梨は珍しかったのでよく売れました。地方発送も拡大していきました。稲城市には梨とぶどうというブランドが確立されていて、直売の袋、チラシ、発送の箱、緩衝材などがすでにあったので、後発組の私には大変有難かったです。

上原下一さんから「区画整理した土地だから有機質が少ないぞ、堆肥を入れて地力をあげないと、いい味の梨はできないよ」とよく言われました。そこで自前の堆肥置き場を作り、植木の剪定業者に落ち葉や茅などを入れてもらい、パワーショベルで切り返しを行い、堆肥を大量に作って、スプレッターや運搬車で散布するようにしました。株の周りを円形に掘り下げ、そこに肥料と堆肥を入れる「輪肥え」もしました。

栽培技術は中野島の親戚の田村家に教えて頂き、袋かけは田村家総出で手伝ってもらいました。今我家が梨を栽培できるのは田村家のおかげと感謝しています。

市内の農家の方や農協にもいろいろ教えて頂きました。川島実さんなどは統一選挙の活動中にも選挙カーから降りてきて、「こうするといいよ」と、親切に教えてくださいました。近くに梨栽培農家が殆どいなかった平尾の私にはとても有り難かったものです。

また農協の青壮年部の後継者仲間との情報交換も大変役立ちました。その後市街化調整区域にも梨畑を増やし、上平尾の区画整理開始前には7反5畝にもなり、品種も幸水、稲城、豊水、秀玉、あきづき、南水、白梨、新高と増やしていきました。

振り返って

現在は上平尾土地区画整理組合の事業で、もともと調整区域だった所の梨畑は全て造成されてしまい、3反5畝の当初の状態に戻っています。今考えると、7反5畝の梨と1反5畝のぶどうをよくやっていたなと思います。

我家の園名の「ヤマヨシ園」は屋号の「山」と代々「芳」の字を名前に付けていたことによります。メロンを出荷していた頃に使っていたので私が果樹を始めるときにまた使い始めました。墓誌で見ると、我が家は私で12代目です。

長男が小学生の頃、現在の二小の校長の増田先生の研究授業がきっかけとなって、平尾小学校の3年生が毎年梨の体験授業にやってくるようになりました。花粉付け、摘果、袋掛け、生育観察、収穫・試食と、年4回ほど体験授業を行います。もう15年位続いていて、年度末に全員がお礼の手紙を書いてくれるのが楽しみです。また道で会うと、「こんにちは」と元気に挨拶してくれて嬉しいです。

農家は地域の役員をよく頼まれます。私も消防団、自治会理事等多くの役員を務めて来ました。私が役員で家を留守にする時には妻の紀子が家事、子育て、農作業と何役もこなしてくれました。梨の荒剪定や花粉付け、袋掛けのほかにも発送の検品と箱詰めを行い、今では妻の目と手で確認したものでないと発送できません。我が家の品質管理責任者です。

たくさんの方々のご指導のおかげで、東京都農業祭の品評会では出品した新高が3回都知事賞を頂きました。平成29年には小池百合子東京都知事に出品した梨を手に取ってみて頂きました。これまでやってこれたのは、家族や親せき、地域の皆さん、そして梨関係者の方々など数えきれないほど多くの皆さまのおかげです。

今後の事、思うこと

現在進んでいる上平尾土地区画整理事業の換地処分が平成30年度末に確定すると、山林が畑として返ってきます。減歩はされますが、耕作可能面積は少し拡大します。みかんなどを栽培して労働集中を分散する等、あれこれ検討しています。将来は息子が後継者となる予定ですので、息子と相談しながら決めて行こうと考えていますが、梨を初めから育てて大きくするのはしんどくなってきたと実感しています。

よく、「先祖から授かった土地」という言い方をしますが、私はそれに加えて、「子孫から預かっている土地」でもあると思います。子孫から預かった土地で収入を得て暮らし、子や孫もその土地を耕作して収入を得ていく。土地を売却した利益で食べていくのではなく、土地を耕作して得た利益で食べていく心構えが農家には必要だと思います。これだけは息子に伝えていきたいと思っています。不動産収入は何かあった時の保険と考えて、農業経営を主体と考えるということです。しかしこれには相続税が大きなネックとなります。相続税は日露戦争の戦費調達のためにできたと聞きますが、中小小売業者や小企業、町工場、農家が相続税で苦しんでいる現在の相続税法は納得できません。土地を売却した利益に課税される譲渡所得税や所得税なら分かりますが、後継者に相続する度に課税されるのでは真面目に農業を継ごうと思う人はいなくなって当然だと思います。まして相続農地ともなれば、死ぬまで農業をしなくてはならない、しかも農業用施設も作れないのです。なぜ、国民の食を作る農地に課税する法律がまかり通るのか。譲渡した時に課税すれば10分だと思いますが。

坂浜平尾地区の稲刈り

農家は百姓ともいわれ、気候や時代や地域にあった様々なやり方と創意工夫で、地域に根ざした農業を営んできました。よく「農地を守れ」と言われますが、本当に守るべきは「農地」ではなく「農家」なのです。今の政治はこの点を勘違いしています。そして食の大切さを忘れてはなりません。私達の体は全て自分が食べたものでできているのです。今、大切なのは、「人を育てること」です。結局、人がすべてなのです。平尾が教育に熱心な地域であったことは、私にこのことを教えてくれているような気がします。

◎――多摩川流域から遠い平尾の丘陵地で梨栽培を続けている馬場さんご一家にお話しをお聞きしました。芳則さんご自身の文章をまとめました。直売のとり組みはしっかり今に生きています。（14年1月から18年1月まで数回取材）

31 稲城と川崎、みんな違ってみんないい。

川崎市菅の梨農家 **安藤隆盛** さん・昭和19年生まれ

菅の梨の歴史と品種

菅の梨は長十郎から始まりました。私のところは昭和2年の多摩川梨の商標をとった時からやっています。お爺ちゃんのその上の代からで私が4代目です。親父の頃は長十郎、二十世紀などを市場からとりに来ていました。今の梨園は元は桃を植えていた場所です。今菅で梨を作っている農家は50軒は残っています。農協の果樹部が50軒くらいありますから。生産力が少ない農家もありますが。

今の販売方法は殆どが地方発送であとは近所売りですね。梨が専門であとは食べるだけの野菜を作っています。昔は長十郎とか旭などがありましたが今作っている品種は主力は幸水、豊水ですね。それから秀玉、稲城、新高、あきづきくらいです。殆どの農家が同じと思います。梨は一代ですから今ある梨は殆ど自分が継いだものです。私に代替わりした時に古い梨を切って幸水や豊水にかえました。幸水、豊水が人気ですし他にいい種類が出てこないのです。まあ、あきづきが幾らか出たくらいですね。

取材に応じてくれた菅の梨農家の安藤隆盛さん

　こちらでは稲城はあれ程高くは売っていません。幸水と同じ値段で売っています。値段的にはいいが、うちではそれ程たくさん作れません。お客さんが幸水を欲しいと名指しで言ってくるからです。やはり稲城は幸水と比べると、知名度や人気の点で違います。稲城は、せいぜい1割で、12、3本というところです。

　幸水を作るのは難しく、最初はいいものができませんでした。それがやっとこの頃大きい実がなるようになったのです。実がなるまでの手入れが難しいのです。

　上手くできない頃にはお客さんから「幸水はないか」と言われたが対応できませんでした。それで長十郎を引き売りに行った頃がありました。荷車一台で幾らの時代でした。

　稲城の方ではその頃に稲城をブランド化したのですが、こちらは幸水に力を入れたのです。幸水は最初から咲かせる花芽を選定してその花に花粉をつけます。また、実に袋はつけません。その方が甘味が増し労力がはぶけます。

　家内は昭和46年頃に稲城の小泉家からここへ嫁いできました。その頃は丁度切り替え時期で、まだ長十郎の方が多い頃でした。

　今、農家だけではやって行けないので、不動産を持ちながら暮らしています。稲城よりもこちらの方が都市化が早くてマンションやアパートを作りました。梨だけでは安定しないし、税金も高いからやっていけません。去年みたいにヒョウが降ると大打撃です。とても農業だけでは不安定で無理です。面積は幾らもやっていない、4反くらいですが4反と言えば広い方です。

多摩川梨ブランド

　稲城は市も農協も農業に力を入れているから頑張っていますね。多摩川流域では多摩川梨という共同のブランドがあって、どこでも有名です。だが国立や日野も多摩川梨ブランドで行きたいが、稲城が抜けたから難しいという話を聞きました。

　横浜は浜梨です。ブランドは品種ではなくて、作った場所です。昔は川崎は長十郎の産地だから長十郎がブランドだったが、今は品種には関係なく産地です。それだけ産地の技術力への信頼が重要ということでしょう。こちらも稲城と同じくらい頑張っています。立毛品評会も稲城と同じようにやっています。ただ、昔は若い後継者の集まりもあったが今はありません。

　私は学校を出てから直接農業に入りました。息子は市の神奈川農業大学校で2年間寮生活して農業を学びました。息子が農業についているので人手が足りています。息子と嫁さん、私と家内の4人でやっています。今は孫が生まれたので嫁さんが育児に専念していて3人ですが。ごらんの通り都市化が進んで、消毒の時には周囲にプリントを入れてのぼりを立てます。

　稲城と菅の関係については私の時代は付き合いが一切ありません。東京都と神奈川では種類も違うから全然違ってしまう。今ここは菅農協、JA菅で、うちの方は柿生、黒川などが入っています。菅では50軒の農家と試験場、(フルーツパーク)との付き合いがあって、花粉の管理は全部そこでやっています。梨を植えて花粉をとっています。赤っぽしが来ると言えば農協を通して各戸にメールが入る仕組みで気候のことも連絡が随時入ります。川崎も随分頑張っていますよ。

幸水

◎—稲城の梨を知るために同じ多摩川梨の生産地である川崎市の梨農家

さんのお話しを聞きました。菅の梨農家さんも品種は異なりますが、頑張っていることを知りました。また試験場（フルーツパーク）には多種類の梨が植えてあると聞いて、後日訪ねましたが、梨園は大変厳しく管理されていて、関係者以外は入れませんでした。（15年4月取材）

２０１８年に再び訪れると、今は息子さんが梨づくりを継いでいること、また、梨農家が随分減った事をお話ししてく下さいました。

32 菊池和美・昭和24年生まれ・東長沼

梨の剪定枝を堆肥に利用する取り組み
稲城の農業の未来を願って

菊池和美（孫の七五三で）

平成14～15年に、稲城市で環境保全型農業（果樹等剪定枝のリサイクル）推進委員会という委員会が作られました。会の目的は環境保全型農業の推進で、委員は稲城市の農業関係者15名と、環境問題に関わる市民3名からなり、事務局は農協や稲城市から5名が参加する委員会でした。

私は当時環境基本計画の策定委員会に参加していたのですが、環境保全型農業という名前に引かれて、是非委員になりたいとお願いしたところ、運よくメンバーの一人になることができました。

会議に参加した農業者は、堆肥利用組合、東京南農協稲城市部果実部、稲城市高尾ぶどう生産組合、稲城地区野菜部会、植木垣生産振興会、酪農組合などで、その他に東京都農業試験場、東京都農業改良普及センター、稲城市農業委員会、南農協稲城支店長など、稲城の農業を包括するメンバーでした。

なぜそのような委員会が作られたかというと、当時、農業廃棄物の野焼きが法律で禁止になったため、農業者は大変困っていました。丁度化石燃料を燃やすことで生じる温暖化ガスが問題にされていた時期で、フロンやダイオキシン、二酸化炭素が悪者として挙げられていました。しかし本来、樹木を焼却して生じる二酸化炭素はカーボンニュートラルと言って、地球環境に悪影響を与えるものではありません。何故なら、樹木は二酸化炭素を吸収して光合成をするので、環境の二酸化炭素を固定して減じる役割を持っています。焼却によって出る二酸化炭素はそれと等しい量なので、プラスマイナスゼロと言われているからです。また、合成樹脂と違って、燃焼によって有毒ガスは生じません。確かに燻した臭いは発生しますが有毒ではありません。

しかし法律でとにかく野焼きは禁止となり、農家の方は雑木林の間伐材や梨の剪定枝の処分に困ることになったのです。

そこで稲城市はそれらを再利用して環境全体で循環させていく実験研究に取り組む委員会を作りました。それが環境保全型農業推進委員会でした。これは一自治体としてはとても画期的な試みでした。

活動では、梨の間伐材や剪定枝の処分方法として、炭にして吸湿材、吸着剤にする方法や土壌改良剤として梨園に撒く方法などが実際に試されました。また、細かくチップに粉砕して梨園や公園などに撒いている現地も見学に行きました。最終的に委員会が採用したのは粉砕してチップにしたうえで、堆肥にして梨園に再利用するという方法でした。

今、梨園を見ると、隅に囲いを作ってその中に木くずのようなものが入っているのを見かけることがあります。これが、梨の剪定枝のリサイクルの現場です。農家の方々が梨の幹や枝を粉砕して、落ち葉やぬかや馬糞、魚粉など農家独自の栄養分を追加して寝かせているところなのです。1年位で上質な堆肥ができ上がるのでそれをまた土にすきこみます。

環境保全型農業推進委員会では国の補助金を利用して粉砕機搭載型自動

車を2台購入し、農園に出向いて作業ができるようにしました。さらに委員会ではガソリンを使わずに市内の事業所から出る廃油を使って自動車を動かす試みも行いました。

農家の中には剪定枝の処分が困難になったために委員会の立ち上げ以前に個人や共同で粉砕機を買った農家も多かったと聞きます。一台百万は下らないでしょう。

剪定枝をご自分の破砕機にかける篠崎さん

活躍する梨剪定枝破砕

梨の剪定枝を破砕する

堆肥を土に入れ込む松本さん

稲城の農家の人々は都市の中で農業を続けるためにこういった苦労を背負っています。また東日本大震災以降は放射能による土壌汚染が懸念されたため、雑木林の落ち葉などのバイオマスが使えなくなり、堆肥利用による循環型農業に支障が出ています。こういった現状は案外市民に知られていないのではないかと考えて、このコーナーをお借りして書かせてもらいました。市民と農家が互いに理解し合い、歩み寄っていく中で稲城の農業は続いていくのだと思います。これからもずっと稲城の農業が続いていくことを願ってやみません。

●梨ものがたりの参考資料

○130年の歩み　梨栽培とともに生きる　2015年　稲城の梨生産組合
○多摩川梨変遷史　1963年　多摩川果物協同組合
○果樹園芸大百科　4　ナシ　2000年　農文協
○東京多摩川　梨の歩み　1981年　川島琢象
○果樹基本統計調査結果報告　1976年　稲城市
○梨作り六十年　1971年　安藤英輔
○稲城市史　稲城市
○川崎の産業　2014年　川崎市経済労働産業政策部
○東京農業史　2003年　仲宇佐達也（けやき出版）
○山に登った多摩川梨　1985年　黒川梨組合
○多摩川なし　1987年　神奈川県農林統計協会
○多摩川梨&もぎとり連合会35年のあゆみ　平成6年　多摩川梨&もぎとり連合会

ふるさとむかしむかし

人とひと、人と自然のつながりの中で

1

堅谷戸の水車と村の寄り合い

福島雷蔵さん・大正4年生まれ・百村

私が小さい頃は村にはだいたい一つづつ水車があってね。その一つ堅谷戸の水車小屋は、山と山に囲まれた田んぼの淋しい所にあって、一人では怖くて行かれなかった。水車には4つの杵があって、村のものが交代で玄米を白米に、麦やそばを粉にしたものだ。

「みさんが」（三沢川）は水が多くて流れが速くて、危なくて泳げないところもあってね、近所の勇坊が落ちて、そこに私が学校帰りに通りかかって危うく助け上げたこともあるんだ。

川のふちには栗の木の木杭が打ってあったが、その木杭は一度付け替えると何年ももった。木杭には季節になると「箟子」（きのこ）がなってそれを煮込みや味噌汁に入れて食べるとおいしいんだ。木杭が古くなったら取り替えたり、水車の世話をするために村ではよーく寄り合いをやったな。「もうどこそこの杭は古いから今度はあそこをかえよう」という具合にね。今よりも川を大切にしたんだな。

昔は川の水はとてもきれいで山際のあたりには夜、ホタルがバチバチ顔に当たってうるさい程飛んでいた。

大雨が降ると川が溢れて一面水浸しになって、上の方から家畜や家畜小屋の丸太が流れてくる事はあったけれど、人が死ぬような事はなかったね。昔はここから多摩の方までずーっと林が続いていたものだ。

山ではくず掃きをしていると集めた木の葉にカブトムシのころころした幼虫がわさわさと集まってね。それを手でつまんで捨てたものだ。今のように売り買いするなんて考えられないねえ。今はもう山にかぶと虫の種がなくなっちまったんだろうねえ。昔は大抵の人が学校へ行かなくても当たり前で平気だったので、ちょっと頭がよくて読み書きの達者なものは「これちょっと書いてくれ、これも頼む」と周りから頼まれて人の世話をしていた。今で言う組長みたいなものだね。

関東大震災の時はビックリして庭に飛び出して庭のつくてにしがみついていたよ。稲城では震災で死んだ人はいないけど、新屋（松本さん）や三家（内田さん）や北（石井さん）などの大地主の家が焼けてね。わし等は地主に1反で2俵の年貢を納めていたので、家に残るのは1斗か2斗。それが震災の後はますます大変になったね。だから戦争中は兵隊に出ると家で喜んでくれてね。何しろ4銭の一時金が貰えたからね。でも私の兄弟も7人のうち兄が戦死してしまったんだ。

戦後の農地改革でわずかな田を分けてもらったが、今は皆ニュータウンになってしまった。三沢川が今のようになったのは寂しいね。昔の面影がないからね。

昔水車のあったあたり。今は向陽台の入口に

◎――このあと、昔水車小屋のあった場所に案内してもらいましたが、今はすっかり埋め立てられて向陽台の造成地になっていて、わずかに残る桜の木とその周辺が昔の姿をとどめているとのことでした。水車のことを昔は「くるま」と呼んでいました。（93年1月取材）

2

入会地と炭焼き、いろいろな生き物たち

石黒才一さん・大正2年生まれ・矢野口

ウーン、稲城には昔から入会地はほとんどなかったけど、強いて言えば神社やお宮などの山を皆で使っていたね。1町8反ぐらいはあったかね。8雲神社は矢野口全体のものだったんだよ。その他は山の値打ちが今より高かったから持ち主の区切りがきちんとあってね。つげの木で区切りがあった。山を持ってない人や吉祥寺あたりの人が山の持ち主に話をして、山をきれいにする代りにくずを掃いて持っていっていたね。お金をとるわけではないんだよ。

山では8年から9年間隔で木を切って、業者に売ったり炭を焼いていたよ。炭焼きは3人が1組になって木を切ってから窯へ詰めて火をつけて焼いたんだよ。できあがった炭は松の園（矢野口の大農家）へ卸して新宿に運んだんだ。農家は炭焼きも商売にしていたんだよ。自分の家では欠けた炭を使ったね。

谷戸川の水は清水だからルールもなく、いろいろに使ったよ。回りは竹やぶ、篠だったからいじらなくても平気だった。

山にはツチタケやシメジがあって食糧にしたし、ムジナやタヌキはうんといたもんだ。野ウサギは長い網で追って捕まえるんだよ。そう言えば石黒さんのところの山にはキツネが多かったねー。このあたりはもとは18軒くらいしかなくってみんな田んぼも山も持っていたけどうちでは田は借りてやっていたよ。

南山で出会ったタヌキ

冬は続けて2日も雪が降るとスズメが雪の上をよたよたしているんで、ゴムパッチンですぐ捕れるんだ。スズメよりメジロのほうが少し食べるところが多くておいしいんだ。オシキガエルも皮をむいて焼いて食べるとうまいんだ。アカガエルは寝小便する子に1回食わせるとすぐ治ったよ。

三沢川では、けぼし（小石を盛り上げて水を止めること）を丸くせいて水を掻き出すとナマズがいっぱいとれてウナギも何匹か捕れた。今はドジョウがいっぱいいるらしいけど、どぶ川じゃあ食べられないよね。

今のよみうりランドができる前、そこは八州公園といい、山のてっぺんに千年松といわれている大人3人ぐらいで抱えるほどの大きな松の木があり、根元に洞穴ができていたので友達と覗きにいったんだが、中にこじきが囲炉裏を作り横になって寝ているのを何度も見たよ。その松はよみうりランドができるときに製材屋が切って持って行ったが、どうしたかね。少し下に首切り井戸と言って、深さ10尺くらいの穴が開いていて、周りが広場のようになっていたので、きっとそこに座らされて首を切っては穴に放り込んだのだろう、それで首切り井戸と村のものは言っていた。

私の父親は大正天皇の乗った馬のかいころしを世話していましたよ。かいころしってのは馬が死ぬまで働かせないで餌をやって育てることなんだよ。いくらか餌代は頂いていたと思いますよ。

アカガエルのこども

◎──昔は雑木林の木を定期的に切って炭を焼いたり、薪にしたり、堆肥をとったり、時々は食糧となる小動物をとったりして大いに山を活用していたのですね。（94年9月取材）

3

榎本石造さん・明治39年生まれ・矢野口

三沢川の水で新茶を楽しんで

稲城が生まれる前から三沢川はあったんじゃないのかな。源流は真光寺、黒川の方から出ているからね。昔の三沢川は流れやすい所に川筋ができたんだね。川筋はもっと狭くて、土手には木や竹や篠が覆いかぶさっていて川の中が真っ暗なトンネルのようになるほどだった。だから1年に1回は川刈りと言って、枝を切って払ったものだ。水こそ少なかったが、夕方にはホタルが顔にぶつかるほどいた。どういうわけかというと、川がトンネルのようになっているので風に飛ばされないのでホタルも飛びやすかったんだね。今はまず餌が川にいなくなったので、ホタルはいないね。

昔は三沢川の水を使って暮らしていたんだよ。朝起きると一番に手ぬぐいだけ引っ掛けて川へ行って顔を洗って、新茶の季節には三沢川の水でとれた新茶の味を楽しめたものだ。汲み井戸より三沢川のほうが美味しい、良い水だったんだ。それで川の水を使ったんだね。汲み井戸は「渋」があったので蛇口に布をかけて使っていたね。そうすると布がすぐに赤くなってしまって。鉄分なんかが多かったんだろうね。わざわざ三沢川まで米を持って行ってといだんだよ。

昔は川にシジミが沢山いて、ふるいでシジミをとって婆さんにおつけの実にしてもらって食べたがとても美味かったよ。魚がビックリするほど沢山いて、昔は魚は田んぼでたっぷり栄養をとってたからフナなんか脂が乗っていて焼いて食べると美味しかった。タニシを田んぼでとっておかずにしたりイナゴや蜂の子なんか年に何回も食べられない立派な栄養のあるおかずだった。アカガエルは薬になるといって焼いて食べたものだ。

川へは汚れた水は流していたけど、汚れと言っても今と汚れの性質（たち）が違う。風呂に入ったって昔は石鹸は使わずに体を流して「アー、いい風呂だった」といって出たものだから。お勝手だって、昔は多少塩気があるかな、くらいの排水だった。昔の油は菜種油を使っていて、落ちなくったっていいような油だったからね。

三沢川は昔は入って気持ちよかったけど今では入ったら一歩も歩けない。ぬるぬるとして滑ってしまう。今ではどぶのようになってしまったので覗きもしないいんだ。嘘の様だよ。今と昔でね。今じゃこれ程に汚れてしまったからきれいにしようと思ってもきっと駄目だね。綺麗にしようという人は10人に1人か2人しかいない。まちを綺麗にしようとなんか言うけどやはり自然というものにはかなわないもんじゃないかな。

三沢川は人口が増えるにつれてコンクリートになって、雨が降ると一挙に水が流れるようになったんだね。ここの山が開発されたら谷戸川だけでは足りないね。昔は雨が降ったら自然に地面にしみたからよかったけど、今は降ったら一気に流れるから。よみうりランドができて一山なくなってから雨が降ったあとに大きな岩が沢山ここいらに来て立っていられないほどだった。小さい時分にはそんな事は何10年となかったけどね。

現在の谷戸川、水は少ないが今も流れて

谷戸川とあぜの水車のこと

梨の水やりには谷戸川という湧き水を利用していた。谷田部さんの店の前のところに水があって谷田部さんの所ではおそばを打つと川の水でさらして食べたものだ。夏なんか、畑をやっていて暑くて暑くて仕方ないと谷戸川へ飛んでいってコクコクと飲んだものだ。何とも美味くてそれでも病気なんかしなかった。

昔、根方は三つに分かれていて、「あぜ」に10軒、「谷戸」に20軒、「西」に10軒くらいしか家がなくって、よみうりランドができる前はランド通りは幅が9尺だった。広くなってから車が通るようになったんだよ。

あぜの水車小屋はコクコクと水が湧いていたから自家用で米をついていた。うちで食べるのもそこでひいていた。「こうさんち」の水車は家まで水を引いて使ってまた戻していたね。それでもあたりの水を集めただけでそれだけ水があったんだね。

ありがた山と弁天洞窟のこと

ありがた山は神田あたりの、神様仏様が有難くって有難くって仕方ない信心深い下町の人が、方々に無縁様になっているのを持ってきたんだ。道が狭くて車が入れないから、ここまで引いて来たのもあったんだ。ありがた山はもとは畑で妙覚寺の土地が一部で後の大部分は「こうじや」のものだった。

ありがた山

弁天洞窟

よみうりランドから稲城の丘陵を望む

俺が18歳の時に大正12年9月1日の大地震があって、その日は埼玉まで梨の苗木を買いに行った日だった。勇吉さんが俺も一緒に連れて行ってくれと言うので勇吉さんをリヤカーに乗せて自転車で引っ張って行ったが、勇吉さんは今で言えば法学士みたいなもんで塾を開いて教えていた。勇吉さんの親父さんの「綱吉さん」はそろばんの名手でいまだに弁天洞窟にいくと軸がかかっている。

弁天洞窟の仏さんは天神山の洞窟が崩れ落ちそうで危うくなって来たので運び入れた。詳しい人が見たら宗派が違うんでおかしいと思うこともあるかもしれないが。天神山の洞窟は今よりもっと深くて、小さい時分には皆ではいずってケツをぶつけるようにして中を一周して出てくるような冒険をして遊んだ。気持ち悪かったけど子どもだったからそれが楽しかったんだね。

タヌキやムジナのこと

山にはタヌキやムジナがうんといた。雪が降った日には1匹捕まえて一杯飲もうやと、仲間で相談して捕まえにいった。タヌキの穴は小さくって目立たなくってタヌキはとても利口で、穴へ入るときは仰向けにひっくり返っていざって入ってゆくので穴の入り口に足跡を残さないんだ。野ウサギもいた。その時分は肉なんてあんまり食べられなかったから最高のものだった。ウサギってヤツは利口なようで知恵がなくって穴に頭だけ突っ込んで隠れたつもりになっていてケツは見えて掴みやすかった。おとなしくて可愛いところがあって、捕まえられても暴れることはなかった。

　まーず変わったよ。山はくずんだ（くずはき）をして畑に置いて新しい泥にしたり端から刈って薪にしていたから山が良かった。それに比べると今はこうやって遠くから見ていると、こんもりして良く見えるが、中へ入ってみると下の方が足の踏み場もない程篠や下草で覆われてしまっている。畑も今は泥が疲れているよ。

梨の肥やしと消毒のこと

昔、若いときは歩くことは少しも苦にならなかった。梨をつんで朝3時ごろ家を出て、車ですたこら神田の市場まで運んだ。市場へ着くのはもう寝る時分になっていたね。

　その辺で横に転がって、しばらく休んで夜明け前に出発するとこっちへ午後3時頃に着いた。市場は神田と八王子「の丸京というのがあってね。八王子「へは日野、高幡を通って行った。梨は長十郎がほとんどで二十世紀はほんの一部だけだった。弱くって黒斑病という病気になってしまうからね。薬は各家で自分自分で作ったもので石灰と「たんぱん」（硫酸銅）を混ぜて作った。「たんぱん」を買う時はうるさくってね。何故かというと薬が川に流れると魚が皆死んだからね。でも昔は人が少なかったから、顔で「中村屋」と分かって売ってくれたけどね。虫殺しは除虫菊だった。庭先で育てて花の咲く前をとって干してからそれを煮てあくを出してそれにタバコを水につけておいたものから「あく」を取って混ぜて全部噴霧器でまいた。除虫菊は花を咲かしてしまっては駄目なんだね。今の虫はそんなに甘ったるいものでは全然死なないね。薬に強くなってしまったからね。梨の肥やしは自分で町へ行って引っ張って来たんだ。買いはしなかったが、ちゃんと家々を掃除すると言う契約をして、肥やしを「かいせいだる」へ入れて、ちゃんと蓋をして、臭わないように通りを運んできたよ。こぼしたところを警察に見つかったら大変だった。不衛生だといってね。でも何よりも自分がせっかく運んだものをこぼすのはもったいなくって、大事にしたよ。多摩川の方の押立の野菜を作る人はそれはたくさん肥やしを使ったよ。

南山・野ウサギの足跡とふん

　たまに使いに出かけるけど今浦島太郎になった気がするね。昔はアリが会うと頭と頭を合わせるように、会う人会う人が知り合いで挨拶したし話しもできた。今は何人会っても知らん顔。昔はこんなではなかったね。

◎――庭先でお話しを伺っていると、榎本さんの足元にキジバトが2羽近づいて来ました。いつも餌を与えてるのでなついているそうです。「同じ地球で同じ空気を吸って生きているんだからね」とトウモロコシの粉を撒いてやりました。暖かいまなざしが印象的でした。（93年5月取材）

4 百村の亀山やまととんび谷戸のこと

大正生まれ　百村生まれの方にお聞きしました

百村は今のように平らな所ではなく妙見山（みょうけんやま）と亀山山（きざんやま）があって亀山山が常楽寺、三沢川のすぐ傍まで延びていたんです。二つの山とも今は崩されてなくなってしまいましたがね。その間に入谷戸（いりやと・とんび谷戸）があってここには人家が6、7軒、次に堅谷戸、そして西谷戸があり、6万台、竪の台、という地名があってとにかく入り組んだ地形だったんです。百村の世帯数は江戸時代で40軒前後、昭和の初めでも60軒くらいでした。付近の子供が亀山山で遊んでいて崩れた土砂の下敷きになったり亡くなる事故が何回かおきています。隣組や親戚が夜通し探して、明け方にやっと親が砂の中の子どもを見つけたという悲しい出来事もありました。

入谷戸あたりは山から出る谷川の水がきれいで、湧き水を飲んだり風呂や炊事に使っていました。また井戸水と同じように利用して米を研いだりしていました。山のところをちょっと掘って三方を木枠で囲って山から湧き出る水をためて利用したのです。三沢川は牛を飼っている家がないうちは水がきれいで、多摩川よりも三沢川の方が稲城の人には生活に密着していましたね

賽の神のこと

賽の神（さいのかみ・せいのかみ）が1月7日、14日でその日は遊びの日と決まっていました。昔は小学校へ行くと女だと子守り、男だと地域のことなどをいろいろさせられました。1月7日は学校から帰ると集まって「お飾りくんな」と言って家々を回り、お飾りや、すす払いのものを渡してもらいます。大人は米と餅、5銭、10銭、15銭を子どもに渡して、百村では50軒で3ケ所も賽の神を作ったものです。必要な縄を出したり竹は竹やぶのある家で切ってくれて、田んぼや川のふちなど乾いている所へ作ります。11、12日位には作りあがって年齢の大きな男子はその中へ14日まで泊まったんです。14日の朝に燃やします。あとで燃やした藁を家々に買ってもらって、お金が残ったら菓子を買って分けてそれで賽の神が終わりです。大人の参加しない子どもだけのもので15歳と言えば今と違ってもっと大人だったからもう一人前でしたね。そういう中で子ども同士で教わって知って行くものでしたね。

今の入谷戸あたり

暮らしの工夫と蛋白源

農家では鶏はほとんどが放し飼いでした。犬を飼っている家がなかったからです。犬を買うと税金をとられるので犬を飼っているのはお金持ちで百村では覚えているのは一軒でしたね。鶏は10羽くらいを飼って穀物の残りをやっていましたね。卵をためて、買いに来る人に売ってお金に換えました。卵は自分たちで食べないで売るんですよ。私が幼い頃には小金井のあたりから天秤棒を担いで歩いて卵を買いに来る人がいました。農家が現金をもらうことは難しかった時代です。現金を毎月もらえるのは役場とか先生とか限られていましたからね。そうそう、稲城

水田のドジョウ・坂浜で

の役場は収入役、書記、助役、村長くらいしかいなかったんです。

ウサギ屋さん（鳥や獣をとって売る）がいて、ウサギを飼い家で子を産ませて育てて売ってうまく交換して肉なども食べるようにしていました。柿（王禅寺丸）、炭（黒川炭）なども商売になってました。

それでも皆工夫して栄養をとっていました。蛋白源としては多摩川や三沢川の魚、田んぼのドジョウやタニシ、用水路のシジミなどがありました。ウナギやナマズもとったり、豆腐屋なんてのも各村に一軒ずつあったんです。ドジョウやウナギは「どう」という、竹を編んだ細長い筒を仕掛けてとりました。「火振り」と言って、石油を燃やした灯りを持って、田植え前の田んぼの周りを回ってドジョウをとる人や、ウサギやハト、キジなどをとって食べた家もありましたね。イナゴもたくさんいましたね。

南武線開通時のお祝い

南武線は川崎にある浅野セメントへ石灰を運ぶ路線で、奥多摩の石灰をとって運んだのです。それ以前は多摩川の砂利を運び、砂利は調布、下石原、上石原の辺りにあり、朝鮮の人らが砂利を掘ってトロッコに入れて南武線の駅まで運んだのです。

昭和2年春に川崎―登戸間が開通して、その秋には大丸―登戸間がつながったんです。そして昭和4年に大丸―立川間が開通して立川―川崎間の全線が開通しました。

昭和2年の頃には登戸―大丸間は切符無しで自由に乗り降りできました。引越して来た人には無料のパスを配ったんです。車両が1台か2台で乗客がどこで降りるかを車掌さんが知っていました。大丸駅のそばでは芝居や踊りがあり、長沼駅ではおでんに酒も飲み放題で活動写真もやってサービスしました。でも矢野口駅では何もしなかったんですね。それが昭和10年くらいまで続きました。是政の橋と南武線の間には枝ぶりのよい松並木があったのです。

◎―稲城の昔の暮らしぶりを知る上でとても貴重なお話しでした。南武線は大正9年に多摩川砂利鉄道（私鉄）として誕生し、その後、南武線と名前を変えました。砂利の運搬が目的でしたが昭和4年に立川まで開通し、奥多摩の石灰石を浜川崎の浅野セメント工場へ直接運ぶようになったそうです。いろいろな役目を果たしてきた南武線は、今では朝は満員電車です。（94年7月取材）

以前の稲城長沼駅

5

精米を手伝った思い出

小泉 陽さん・大正15年生まれ・矢野口

三沢川は今より狭く幅4メートルくらいで春にはたくさんの魚がいたね。長さ60センチくらいの篠竹をたくさん束ねて15センチくらいの直径にしたものを「おとし」といって、それを水に向かって瀬に一晩置いておくとね、次の朝にはたくさんフナがとれたんですよ。一度「おとし」に入ってしまうと魚は出られないんですね。

家には水車がありました。水車は川に4から6メートルの木を斜めに立てて川幅を狭めて、川の流れを50センチから60センチくらいにする。そこに水車をかけると、川が狭まって水の勢いが増しているからよく回ったんですね。子どもの頃には水車ではね上げられた魚をよくとったものです。水車は直径が1メートル80センチくらいで、中心を通って放射線状に軸があって、その軸に300センチくらいの長さの杭が打ち付けてあります。水車が廻るとその杭が杵をあげてその杵が落ちる力を利用して臼の中の米をつくという原理だったんですね。

小泉陽さん。梨畑で

臼は10リットルくらいの容量で、中に藁で作った円筒が入れてあって、米はつかれると円筒からはみ出して、また円筒に入って行く仕掛けで上手く考えてあったんだね。

米はつかれると摩擦で温かくなってその方がよくむけたんですね。丁度今の精米機はそれを横にしたようなもので原理は同じだね。

学校から帰ってくると親に米の付き具合を見てくるように言われたね。「まだ黒い」、「もう白い」と言うのも面倒になって、水車の所へ行って、ついている途中の米を手に握って持ってきて、「こんなものだよ」と親に見せたりした。それが子どもの仕事になっていたね。弁当に持っていくのに黒くちゃいけないからよくついたけど粒が小さくなっちゃってね。ぬかは鶏などの家畜の飼料に使いました。ついた米はぬかと混ざってるからそれを分けるのに「万石」と言うふるいのようなものを使ってね。米が引っかかってぬかが下に落ちる仕組みになっていた。

それからもう少し新しくなって「米選機」という丁度ギターの線で出来たようなふるいを使ったけど、これは目の大きさを調節できてね。昭和10年頃ですか。水車を使って3、4日に1度は精米したね。一遍に精米してしまうとまずくなるといってね。だから大変な作業だった。水車はシナ事変の頃、昭和12、3年になくなったと思う。

それから精米を加藤精米所に頼むようになったんですね。小さい時に精米する米を持って行く親のリヤカーに乗って行ったのを覚えています。おじいさんと一緒に行った事もありました。行きはおじいさんにひかれてゆくけど、おじいさんがいずみ屋で一杯やると、帰りはおじいさんをリヤカーに乗せて帰りましたよ。小学校の低学年の頃ですよ。そのうち自分ひとりで行かされるようになってね。米を持ってゆくと「いついつできるからとりに来い」と言われて、その日についた米をもらいに行くんですね。ぬか袋を持って行って精米の代金を払うんだけど、ぬかをその代金として向こうに上げてくることもあった。加藤さんのおばさんがいつもやってくれていたのをよく憶えています。加藤さんとこでは三沢川に堰を作って、水車を商売に使っていたんだね。でも当時電動に切り替えたと思いますね。そのうちに自分の家専用の精米機を買って10年前まで使っていたけどね。

三沢川用水の廃止と橋の移り変わり

昭和20年から30年迄は、ここからランドの山まで全部水田で、家は30軒くらいしかなくてランドの山が下まで見えたんです。梨や田んぼの水遣りに、昔は用水を使いましてね。ここは三沢川よりも土地が高くなっているので、ここの三沢川からは水が引けないのでね。北側は大丸からの大丸用水を使って、南側の一部は根方の谷戸川から出る三沢川用水を使ってました。だが、この辺一帯の水田がなくなったことや、三沢川用水の水で大切な収穫時に水が引けず、ぶくぶくしてしまうことがあり、区画整理があったときに三沢川用水を廃止しました。その後、井戸を掘るように指導があり、井戸や三沢川の水をポンプアップして使っています。雨がやんだあとに水が増えるのが谷間の水で、これは雨がしみこんでから湧くからなんだね。雨と一緒に増えるのが川の水でね。

ここから市役所に行く途中に小高い山がありましたが、あれは三沢川の水が土を堆積してできた山で、掘ってみると中に8、9メートルくらいの幅の昔の水路があったんですよ。

昔、川岸には丸太を置いて、いつでも橋として使えるようにしてありました。昭和33年に、三沢川のうちの持分が20メートルくらい切れました。そこで同じ年に護岸しました。その数年後、今度は川を広げたと思ったら、今度は区画整理で今のところに川が移動したんです。丸太から1トンの軽トラックが通るくらいの狭い橋へ、さらにそのあとにまた広い橋へと橋も川の幅に合わせて変わりました。片側護岸になった時に感じたことだけど、どうも梨畑の水が干上がって、旱魃に弱くなった感じがしましたね。「こんなに護岸してしまったから乾いてしょうがないな」と言い合っていましたね。

アブラゼミがたくさんとまって

昔の川の水は綺麗でしたよ。ホタルがいたんだから。今は家の下水が入ってカワニナがいなくなったんだね。昭和30年以降、食料が緩和されて、急に宅地化の波が押し寄せて、この辺りは稲城の中でも一番最後まで残るだろうと言われていたけれど、今では80%が宅地になっていますね。

梨と水田の相性、小学生との交流

うちでは代々続いて息子で4代目の梨作りになりますね。梨と水田というのは仕事の時期がずれているので、うまく両立できるんですね。まず暮れの12月から次の年の2月までは、梨の選択、ゆういん（梨の枝を結ぶこと）の季節で、3月4月は田おこし、梨の手入れがあって、それが終わって梅雨の頃は田植えでしょ。それから梨の花卉選定や除草で、梨の収穫があって、それから稲の収穫なんですね。藁を堆肥にして土に戻すこともできるしね。今は、馬糞やぬかを入れて即効性の発酵剤を入れると、いい堆肥ができるんです。一番あれがいいんですよ。葉や実に虫がつかないんです。葉が柿の葉みたいに厚くなって、強くなって実が甘くなるんですよ。梨の若葉にはセミが針を刺すんだね。そのあと口を抜くと水が流れて甘いから「ハエ」が来るんです。だからセミは害虫でちょっと前は、都内の小学校の生徒を呼んでセミ取り大会なんてしたものです。子どもは喜ぶし、こちらは助かるという事で一挙両得だったんだね。

学校といえば、今年は第一小学校から子ども達が来て、梨の交配と袋掛けをしてくれた。袋に名前を書いたり、木に名札をかけておくと成熟してから分かると思うけれど、子どもたちは、そんな事をしなくても自分の梨は分かるみたいです。今度の収穫が楽しみです。息子夫婦がそういった教育に熱心で学校と交流をはかっています。畑は教育ですね。

◎――小泉さんは農業関係や都市計画などの要職につき稲城の農業の振興に貢献して来ました。素顔は優しく頼りがいのある先達です。畑は教育ですね。（93年7月取材）

6

山と炭焼き

冨永重芳さん・昭和2年生まれ・坂浜

戦前は山師のような人に山の木を売って炭を焼いてもらっていました。でも戦後になると自分で山の木を切って炭を焼きましたね。昭和22年から40年まで続けました。その頃は自分の所に5つも炭焼き釜があって、炭が焼けたら近所の人がオートバイで新宿まで持って行って売ってくれました。山の木はほとんどが炭か薪用で、雑木は15年くらい間隔で切るとまた根っこから新しい芽が生えてきて育つのです。でも20年経って切るともう新しい芽は出て来なくて木は枯れてしまいます。

山の草刈りの時には、近所の人々15人程に人海戦術でお願いしました。そんな時には矢野口まで魚を買いに行って昼食と夕食を用意して、夕食にはお酒も付けてご馳走しました。その仕度が大変だったと今でも思い出します。近所総出でやりましたが懐かしい思い出です。

終戦直後の燃料不足の時代には、炭は飛ぶように売れて、焼いたらまだ熱いうちに業者が持って行くというくらいでした。でも昭和40年を過ぎると、どこでも石油を使い出して炭は売れなくなり、今では、雑木林はシイタケのホダ木にするくらいしか利用がありません。スギやヒノキも外材に負けてしまって、ただ同然です。

ふれあいの森の炭焼き窯の前で冨永重芳さん

姉が結婚する時には箪笥を買うことが出来なくて、山を1ヘクタール売って買おうかというくらい、農家は現金収入がなく貧しい暮らしをしていました。

昭和5年くらいまでは、地租が払えず本当に厳しい時代でした。稲城では女性で女学校に行ったのは、私の母と母の妹の2人だけでした。母はそれを大変感謝していました。学校に行くには、当時は道が舗装していなくて泥道だったので下駄が1ヶ月に2つもこわれたという話を聞いたことがあります。

白米は作っても食べずに売って、自分のところでは大麦の皮をむいたひきわり飯を食べていました。それでも良い方で、一部の家ではさらに水でふやしておかゆを食べていました。卵は正月とお盆くらいの年2回しか食べられませんでした。

稲城には医者がいなくて町田から先生が来てくれていましたが、伊藤先生といって大変立派な方で、お金のない家からは治療費はもらっていませんでしたね。

ゆう芳の里・坂浜の静かなたたずまいの中で

◎――冨永さんは生まれてからずっと、山と生活を共にしてきた方で、山を大切にする先祖の教えを今も大切に守っておられます。キャンプ場やゆう芳の里を子ども達に提供して、稲城の教育や福祉に貢献しています。名誉市民第1号になりました。（04年1月取材）

7 家を支えた水車と精米所

伊勢川トミさん・明治43年生まれ・坂浜

私は23歳で多摩からこちらに嫁に来たのね。炊事の水は川の水でなくて井戸水を使ってましたけど、裏庭の三沢川に水車があって、麦や米をつくのに使ってました。三沢川の堰があって、そこで水を止めて「トヨ」で引いて来て、そこから落ちる水で車を回していたのよ。水車は杵6個もある大きいもので直径3メートルはあったと思うわね。今はもう川岸まで下りては行けないけど、栗の木のとこに水車小屋がありましたよ。営業にも使ったんですよ。水車は他に東橋の所と清水谷戸の所にもあったんですよ。石川さんの所の水車は、この下流で、私の所が一番上流ですね。伊勢川水車と言う名前から伊勢川精米所になったんだけど、最初は自分自分で米を持って来てついて行ったのね。米を何回にも分けてついていたのよ。小麦をひくのは、臼と臼を回して摩擦させてひくんですよ。

戦後に水車をやらなくなってからは、6馬力の発動機を使って営業しました。この近所で精米機を持っていたのは加藤米屋とうちくらいでね。黒川からもお客さんが来ていましたよ。

主人が戦争へ行って6年も家を留守にしていたのね。そして33歳の時に栄養失調になって帰国して、それから2年入院して亡くなったんです。それからは私が畑1反、田んぼ2反と水車で生活を賄って来たんです。私1人では足りないので男の人2人を頼んでやってました。おじいさんの始めた精米所をついでやってきたんですけど、ここまで来れたのも精米所のおかげですね。

三沢川は、昔はコンクリートで護岸してなくって、大水はほとんど出ないし台風の時でも水は上まで上がって来なかったわね。昔はイタチやシラサギが多かったですね。川はこのままの方がいいですね。子どもはよく川で泳いだもんですよ。

鶴川街道と鎮守のお祭り、お念仏のこと

昔は買い物は府中に行ったのよ。嫁に来たばかりの頃は、もっぱら船で行きましたが、是政橋ができてからは是政橋を渡って行きました。主人が戦争から帰って体を悪くして入院していた時には、自転車で小金井に入院する主人をよーく見舞いに行ったものです。

鶴川街道は砂利道で牛車(うしぐるま)がよく通ったんですよ。リヤカーか荷車を牛が引いて、小学生なんか疲れるとぴょんと乗って楽をして。

その頃は、楽しみというとお祭りでしたね。府中で開かれる桃市や暗闇祭り、坂浜の鎮守さまのお祭りも楽しみでしたよ。お祭りは、年一回9月だけで、村中が氏子で子どもが神輿を担いで、お饅頭、赤飯、煮しめを作ってそれはそれは楽しいものでした。前の日は決まっておそばでね。そばは6分づきの小麦で作ったので黒っぽくて、この辺では「そば」って言うけど本当は「うどん」のことだわね。

坂浜では念仏が昔からずっと続いています。昔は、お盆と春秋の彼岸とお釈迦様の日に回り持ちでやったのね。当時は家々でご馳走のしっくらだったのよ。だからご馳走を作るのが大変で、その後、皆で煮しめに天ぷらにしようと決めました。今は、随分簡素化されたけれどね。お念仏は昔からのを3つか4つ覚えて、あと代々続いている本があって、それを5時頃から10時頃まで口授するんです。女の人が14軒の家から一人ずつ出るんです。でも、お葬式の時は、嫁姑2人そろって出るのね。この辺りのお寺は高勝寺で、

昔の面影を残す坂浜の三沢川

宗派は真言宗なのでそのお念仏を唱えるんですよ。世間話をして、とっても和やかでいいんです。

於部屋方には、お念仏の組は2組あるんですよ。於部屋の地名の由来は、昔、殿様がいて腰元に行った人がいたので、それで「おへやがた」と言うという話があったんです。

◎——伊勢川さんの裏庭には、三沢川が昔のままに流れています。お一人で子どもを育てた苦労を感じさせない、明るく元気な女性です。（93年10月取材）

8 乳牛と共に暮らした50年間の想い出

伊勢川キヨさん・大正14年生まれ・坂浜

結婚して稲城に来て間もなく、昭和28年10月におじいちゃん（旦那さんのこと）が1頭の子牛を飼って乳を搾り始めました。それがこの仕事の始まりでした。それからどんどん牛が増えて多い時は28頭にもなり、50年間ズーッと牛を飼って暮らして来ました。近所でも牛農家が増え初めて、最も多い時には稲城で33軒の家が乳を出荷していました。

初めは収入も多く、牧夫を2人頼んで牛の世話をしてもらっていたんです。牛舎の2階には、その人たちの部屋があって、食事は私が作っていましたね。朝は牛の鳴き声で目がさめて、すぐに牛舎に飛んで行きました。鳴き声で牛の様子がわかったのですね。牛の餌は、自分のところでとれたトウモロコシやソルゴンとかカブなので、他から持って来るより自然で安全な餌でした。

乳牛はお乳が出るのは2、3年で、お乳が出なくなるとかけて、子牛を生ませると、また出るようになるんです。生まれた子牛が成長するまでに10ヶ月腹に子がいて、生まれた子牛が成長するまでに1年8ヶ月くらいかかるんですね。ですから高いけれども、産んだばかりの牛を買うこともありますよ。

牛の世話は大変ですが、少しくらい頭が痛いときでも牛舎の仕事をすると治るんです。でも時代と共に保健所の規制が厳しくなって、私の頃には熱いタオルで牛の乳をきれいにふいて搾乳するだけでよかったけれど、それでは済まなくなって、その前に消毒したり手袋をはめなくてはいけなくなって、また牛乳の成分を調べたり殺菌状態も調べるなど段々難しくなってきました。

また、おじいちゃんが体をこわしたり、狂牛病問題があったりで、平成15年1月29日でこの仕事を終わりにしました。その日の夜、残っていた牛をトラックで大塚牧場に引き取ってもらいました。がらんどうになった牛舎を見て正直言って言葉にならない程寂しかったです。孫も生まれたときから一緒だった牛がいなくなって寂しいと作文に書きました。牛がいた頃は狭く感じた牛舎が今は鶏が数羽いるだけでぽっかりとだだっ広く感じます。昔は朝晩搾りたての牛乳を飲んでいましたが、今はスーパーで買って飲んでます。牛の声がすると、「おなかがすいたのかな」と心配していた頃が懐かしいですね。

伊勢川キヨさん

◎——伊勢川牧場は鶴川街道沿いにあって、私も大勢の小学生を連れて、2回ほど訪れたことがあります。今では稲城の牛農家は、大塚牧場ただ1軒になってしまいましたが、キヨさんは今もお元気で畑をしています。今も残る牛舎は、壊すのが偲びなくそのままにしているとのことです。（04年3月取材）

9 調布から嫁に来て

内田千代子さん・大正6年生まれ・百村

私は昭和10年に結婚して、稲城に来ましたよ。実家は調布でしたが、親の勤めの関係で大阪に長く暮らしていました。私が19歳、夫が31歳の時でした。夫はまたいとこで、小さい時から知り合っていました。大きくなって結婚話しがまとまったんですが、実は、私の前の代も何代か調布の実家筋から、稲城の内田家へ結婚して入っています。

当時は、結婚式と言うほどの大袈裟なものはなくて、夫の自宅に親類組合が集まって祝った程度です。夫の実家で、鯛とかかまぼこなどの「口とりもの」や煮しめを用意してね。料理は料理屋さんが家まで来て作ってくれるのですが、稲城ではそんなに大きな料理屋はなくって、確か山本さんという魚屋さんが、料理してくれたと思いますね。

仕事場の内田千代子さん

結婚の日、私は調布からタクシーで稲城まで来たんですが、車で来れない人は、結婚式の服装のまま電車で来たのです。このあたりは竪谷戸から引いた大きな用水が家の前を流れていて、車を家までつけることは出来ないので、鶴川街道まで車で来ました。親類の人が迎えに来て、家まで夜道を歩いて行くのですが、嫁さんの足元が暗くてはいけないからと、提灯で嫁さんの足元を照らしながら、長い行列を作って歩きます。どの家にも、子どもの結婚のために、家紋入り提灯が用意してありましたよ。

結婚式は、私は江戸褄模様に角隠しで、夫は羽織袴で、私は新宿の伊勢丹デパートの前の「布袋屋」というデパートで、夫は調布の「ごこうや」という呉服屋であつらえました。結婚する時は、「畑仕事はやらせない」と言われて来たのですが、そんなわけにはいかなくて、「しょうがないね」と言いながら、畑仕事をするようになりました。

稲城の当時の農家の暮らしは、ほとんど自給自足で、月に米1俵売ってそれがおかず代になるというような暮らしでしたが、調布や大阪での都会暮らしが長かった私には、辛いことも多かったですよ。でも、いろいろあったけど、おじいちゃんが亡くなるまで50年以上、稲城で一緒に暮らしました。この前、おじいちゃんの十三回忌を済ませたんですよ。

◎——すっかり稲城に溶け込んだ内田さんは、今も自転車に乗って、あちこち出かける、とっても元気なおばあちゃんです。稲城と調布は、当時から密接な行き来があったのですね。(04年4月取材)

10 昭和33年の三沢川の氾濫

原嶋貞子さん・大正2年生まれ・矢野口

私は昭和10年に、相模原から矢野口に嫁に来たのよ。といっても、嫁入り先はおばさんのうちですがね。その頃の三沢川は、まだ泥のままで、蛍がいて木が茂っていて、子ども達は水浴びもしたのよ。ドボンドボンと飛び込んでね。ドジョウやウナギはいたけど、カモがいるようになったのは最近ですね。川は今みたいにまっ直ぐじゃなかったのね。魚が多かったの

若い頃の原嶋貞子さん。お庭で

はそのせいかしらね。

　私がここへ来た頃は、つるべ井戸があって、人力で汲む井戸なんだけど、川の水の方が井戸の水よりも暖かいというので、川の水で、なべでもびんでも何でも洗いました。茶碗はさすがに洗わなかったけど。ぶどう棚になべなど洗ってかけておくと、きれいに乾いてね。

洗濯は川でしたのよ。井戸の水はつるべから、そのうちポンプで汲み上げるようになってね。その頃から、川の水は使わなくなったのね。水道が引けるより、ずっと前だったわね。昔は、余り油ものは食べなかったので、石鹸は使わなくて、油が出たときは灰で茶碗を洗うと、すっかり綺麗になってね。そのうちにクレンザーが出来たのよね。

　昭和33年の台風の時、三中のあたりの三沢川が切れて、この辺全部が水浸しになったのよ。その頃は、みんな麦と米の二毛作だったけど、丁度麦の取り入れ時期でね。もみのついたままの麦の束が、それも腕にやっと抱えられるくらいのものが、たくさん流れてね。すごい勢いだったんでしょうね。それまで護岸工事はしてなくって、それから護岸をしたんだけど、ホタルは、それからいなくなったのね。そのとき、村から町になってね。町から市になったのは、昭和46年ですね。

　農協の所や菅のあたりの小沢さん（文男さん）のところに水車があってね。うちは主に農協のところで米をついてもらっていたんだけど、一回に俵2つ分をリヤカーに積んで持っていくのよ。俵一つで60キロあったかしらね。リヤカーになる前は、馬を使っていたのじゃないかしら。飼っていたからね。普通のうちでは米に麦を混ぜて食べて、お米は現金収入の入る売り物にしていたのよ。正月はお客さんの時は白いのを食べていたでしょうけれどもね。店は朝日屋さんと辰巳屋しかなくて、そこでいろいろ買ったけど、味噌や醤油は自分の家で作っていたわね。

農地開放のこと

　戦後間もなく昭和22年に、農地開放がありました。地主は自分の作っている分の他に7反だけもらえて、後は小作に安く分けましたね。1反を2、300円で売ったのですが2，300円と言うとサツマイモ一畝くらいの値段で、それはそれは安い値段でしたね。農地開放のあと10年くらいで、すぐに土地が高くなったから、小作の人で土地を手放して売る人がたくさん出てきました。それで急に畑や田んぼが減ってしまって。今、考えると農地開放は良いことばかりではなかったはね。

　梨は苗を植えて、50個から100個実がなるまでに10年は置かなくちゃいけなくてね。普通はそんなゆとりはなくって、梨を作れる農家は限られていましたね。ランド通りができる時に、道路用地に梨畑を安い値段で売って、うちの梨畑が二つに分かれてしまいました。山も、よみうりランド遊園地に売ってしまったけど、春に仏舎利塔の所に行くと、今でも当時の桜がきれいに咲いて、とっても懐かしく感じますね。

◎——農地開放は、稲城の人々の暮らしを、大きく変えて行ったのですね。原嶋さんのお話から、稲城が開発されて行った様子が、目に浮かぶようでした。（93年7月取材）

ゲンジホタル

11

多摩弾薬庫（火工廠）の想い出

田畑はるさん・大正10年生まれ・大丸

田畑はるさん

私は茨城県の生まれで、学校を出ると故郷では夏は百姓、冬は青年学校で裁縫を習ったりしていました。その後、職業訓練所に入り、板橋の火薬工場に紹介され、稲城の方でもそういう工場が出来ることになり、昭和14年9月に稲城へ移りました。初めは寮に住んでいたけど、次に挺身隊の人が来ることになって、私たちは寮を出されて民家に住まわされたんです。

当時、農家は強制的に部屋貸しをさせられましてね。私は「清風荘」という高野さんの隣の家へ住みました。まだ若かったから、朝はなかなか起きられなくてつい寝坊してしまうのね。そうすると部屋貸しの農家のおじさんが、「おーい、奥の寝坊、起きられたか？」といって起こしに来てくれてね。飾らないいい時代でした。

清風荘に住んでいた頃は、谷戸川の水を組み入れて使っていたけど、そこがすごーく綺麗な水でね。ゲンジボタルがすごくたくさんいました。水はみんな湧き水を使っていたのね。そのまま飲み水にも使っていて、湧き水のところで釜を洗って、ご飯粒なんかがあると沢蟹が出てきてね。水を汲んで、肩に担いで風呂にも入れて使いました。

その後、清水の所にたまりを作って、そこから水を引いて使うようになったのね。戦後火工廠の寮に住んでいたけど、水道が断水の時には、そこへバケツを持って汲みに行きました。すごい行列でした。

火工廠では、朝の7時から夜の7時まで仕事でしたね。最初に稲城に来たときは、設備を作るのでもっこ担ぎをして、1週間に1度は土運びをしたのよ。最初の教育期間が長くてね。例えば衝撃は駄目、タバコの火は駄目と教え込まれました。

今も残っているあのコンクリートの壁の中で、黒色火薬、黄色火薬、何でも作りました。50キログラムくらいの材料を使って手榴弾も作りましたね。市民病院の前の川が、真黄色になるくらい火薬を作っていたのよ。

火薬を作って黄色くなるので、石鹸の配給がありましたね。食料はお砂糖、米などは軍から配給があって、それでまかなえない物は日の出屋さんに買いに行きました。

一日の仕事が終わると火工廠の中で食事をして帰ってね。そのあとは裁縫をするくらいしかなかったから、時には夜、天気がいいと仲間と外へでるのが楽しみでね。多摩川まで歩いて行くこともあったのよ。多摩川には、月見草が、それはそれは綺麗に咲いていてね。本当にきれいで今でも目のあたりに思い浮かぶのよ。月見草は夜咲くときに音がするのです。「あっ、咲いた」、「また咲いた」と音で分かるのよ。

川崎街道沿いにあった火工廠は現在、米軍多摩サービスセンター

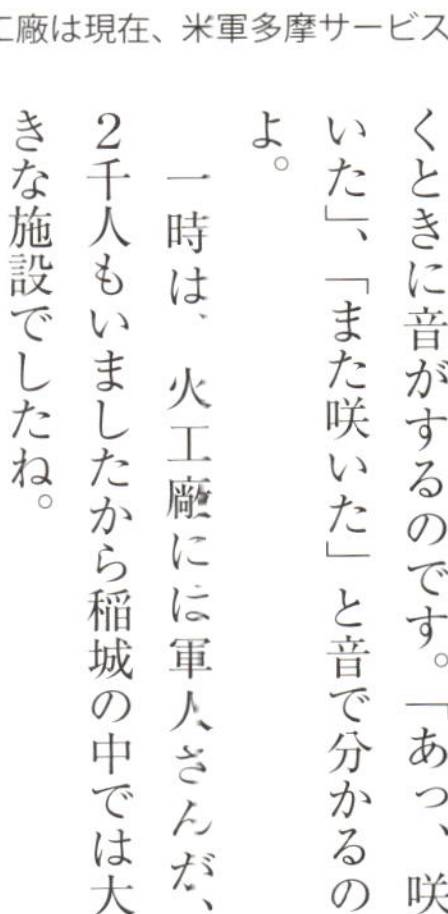

一時は、火工廠には軍人さんが、2千人もいましたから稲城の中では大きな施設でしたね。

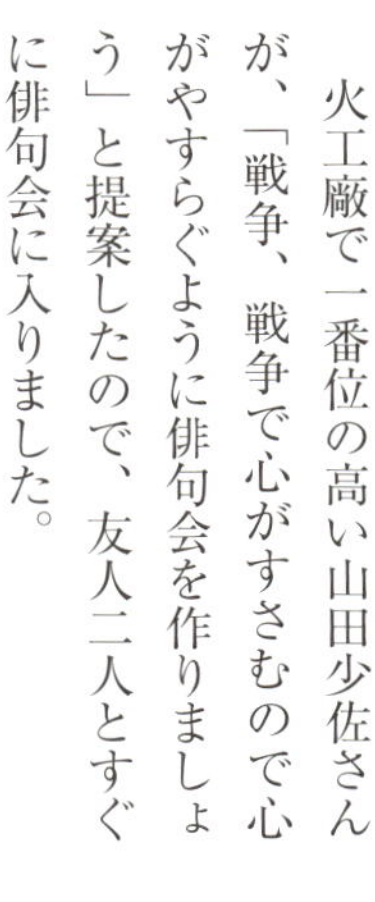

火工廠で一番位の高い山田少佐さんが、「戦争、戦争で心がすさむので心がやすらぐように俳句会を作りましょう」と提案したので、友人二人とすぐに俳句会に入りました。

軍人さんは昼は近寄りがたいけど、夜になるとそんな垣根は取れてしまって、皆、平等に「雅号」で語り合いました。私は名前の「はる」から、「春鳥」という雅号を友人につけてもらいました。俳句があったから、戦争中にも何とか心豊かに暮らせたと思います。俳句会には本当に感謝していますよ。相模原には陸軍病院があったので、負傷した軍人さんをお見舞いに行って、軍人さんから感謝の手紙をもらったり、全く知らないもの同士だけれど、そんな事もよい思い出ですね。

　そうそう、俳句の会の仲間は、今でもお付き合いがあって、年一度、泊まりの旅行をしたりしていますよ。

◎――田畑さんは、戦後一時故郷に帰った後、山田案山子（山田氏の雅号）先生とのご縁で結婚し、また稲城に戻りました。俳句の会は、きっと大勢の工員さんの心の灯だったのでしょう。（93年7月取材）

12

西山光治さん・大正10年生まれ・矢野口

戦艦響（ひびき）と人間魚雷

　私は、稲城のこの家で生まれ育ちました。我が家には、昔の記録が柳行李に20個もあってね。私の家は、戦前は牧場をやってました。普通は牛乳など飲めない時代から、ここいら一帯に曾爺さんが配達していたね。そのあと養蚕をして水田をするようになり、次には梨を作りました。最初は手車で、そのうちリヤカーで東京の市場にもって行きましたよ。リヤカーを自転車につけて運転したり、歩きで行ったりでした。神田、池袋、築地などの市場に売るのですが、朝の2時に家を出て、5時間かかって着きました。本当に大変だったね。

西山光治さん。回天の冊子を手にして

　その次は養鶏をしました。都から補助金をもらってやったのは、うちが最初じゃないかな。でも補助金の借金を返し終わらないうちに、近所に住宅が建ってきて、汚いとか臭いとかでできなくなってしまった。都があんなに奨励していたのにと腹が立ちます。

　戦争へは志願してゆきました。当時の方針で、長男は家を守るために徴兵が延期されたのですが、段々戦争が激しくなって長男でも受け付けられるようになってね。最初は、戦艦「響」にのりました。「響」は攻撃を受けましたが、沈没を免れて、他の戦艦に引かれて呉の造船場で修理されました。

　それから、呉で回天という人間魚雷に乗るための訓練を受けました。人間魚雷は、中に人間が入って操縦して、敵の戦艦を撃沈する魚雷です。あたらなかった場合は、さらに敵船を一周して、あたることができるようになっていてね。

　魚雷に乗る為の訓練や勉強は難しく、私は試験になかなか合格しなかったんだ。でも仲の良かった東大予備学生は頭がよく、すぐに合格して、魚雷に乗り込んだ。撃沈するか、または中の燃料と空気が切れて死ぬか、どちらにしても一度出たら二度と戻れないんだ。見送りのときは涙が止まらなかった。こんなに悲しい事が、世の中にあるだろうかと思いました。予科練卒の人は、それ以前の飛行時間が長いので、早く合格したが、私は合格までに、かなりの勉強が必要だった。終戦の日の午前中まで訓練していたが、合格する前に終戦になったんです。私が志願した話を聞いて、地元の少し年下の弟分のような青年が予科練に入って戦死したことも、とても

穴澤天神社の御神水。水を汲みに訪れる人も

つらい思い出です。私にも責任があったと思いますね。

それで、ゴルフ練習場や釣り掘りや、演芸場などの娯楽施設を作ったときに、「響（ひびき）」と名づけました。生き残った「響」の戦友が集まって、語り合える場所にしたいという思いでした。戦友は千何百人いたんだけど、今は年1回、夫婦同伴で、30人くらいが集まっているだけですがね。

南山の崖と穴澤天神社の御神木

南山は、昔ここらでは「西山」といって、削られて崖ができる前までは、大きな山だったんです。戦後20年代から砂利とりが始まってね。あそこの山砂が工事に使える、というので都内の基盤整備などに飛ぶように売れたんですね。川砂と同じように埋め立てに向いているからね。砂をとったあとに廃棄物を埋め立てるという計画もあったが、穴して埋めないうちに台風で崖崩れがおきて中止してしまった。明治40年代にも、昭和33年の狩野川台風のときにも、多摩川が決壊したときにも大水が出て、大変でした。最初はなだらかに削るという約束だったのに、今のように垂直に削ってしまって、そのお陰で大水のたびに何度も崖崩れを起こしたんだね。

私らは、都に砂利とりを止めるように申請に行ったんだけど。丁度、私がこの辺の区長をやっていた鈴木都知事の時代だね。もう業者がらみでめちゃくちゃなことをやったんです。山があるうちは大水が降ったあと3、4日で三沢川が増水して、多摩川の水は1、2週間してやっと増えたのに、今では降った後、すぐに鉄砲水になってしまう。それだけ、山が水を貯める役目をしていたということだね。

もうこの辺の仲間もだいぶ亡くなって、私しか知らないことが沢山あるけど、穴澤天神の御神木もその一つですね。神社が建った時に植えた、直径が9尺位もある大きな杉の木があったんだよ。でも枯れて来たし、アメリカ軍にとられちゃならないと、戦争が終わった時に、皆で切って薪にしたんだよ。子どもが12人で手をつないで、やっと抱えられるすごく大きな木だったね。倒れる時は、ドドドーっとものすごかったね。切った後に、私が針で年輪を一つ一つ数えたら、1，260位あったんだよ。都内で一番古い木だったんじゃないかな。

◎——西山さんは、戦争の記憶を風化させないように、稲城市遺族会会長として戦没者名簿「ふるさとの碑」を平成元年にまとめました。西山さんは、戦争で亡くなった大勢の若者の尊い命を背負って、今も生きておられるのだと思います。（04年7月取材）

西山さん所蔵の戦艦「響」の絵

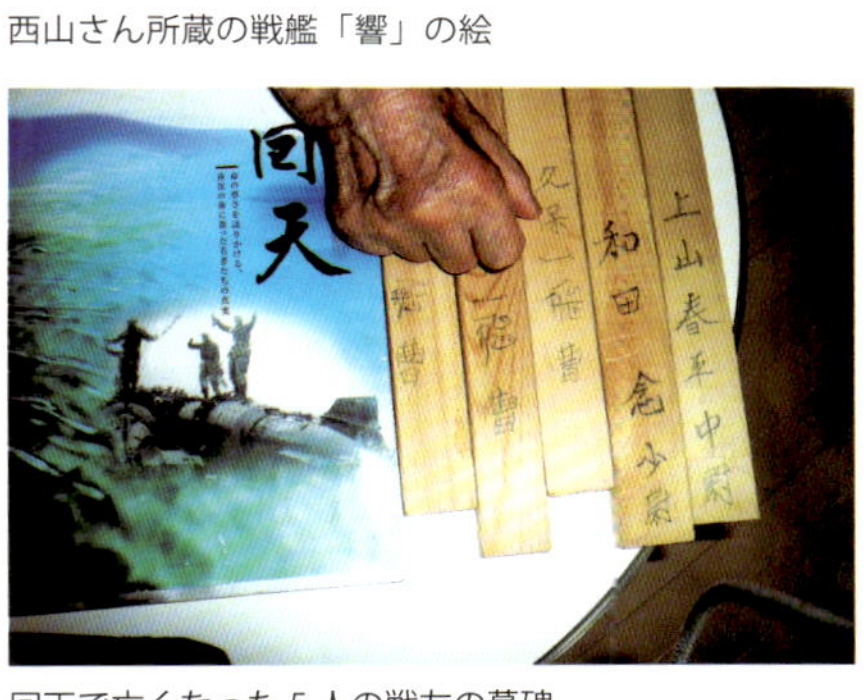

回天で亡くなった5人の戦友の墓碑

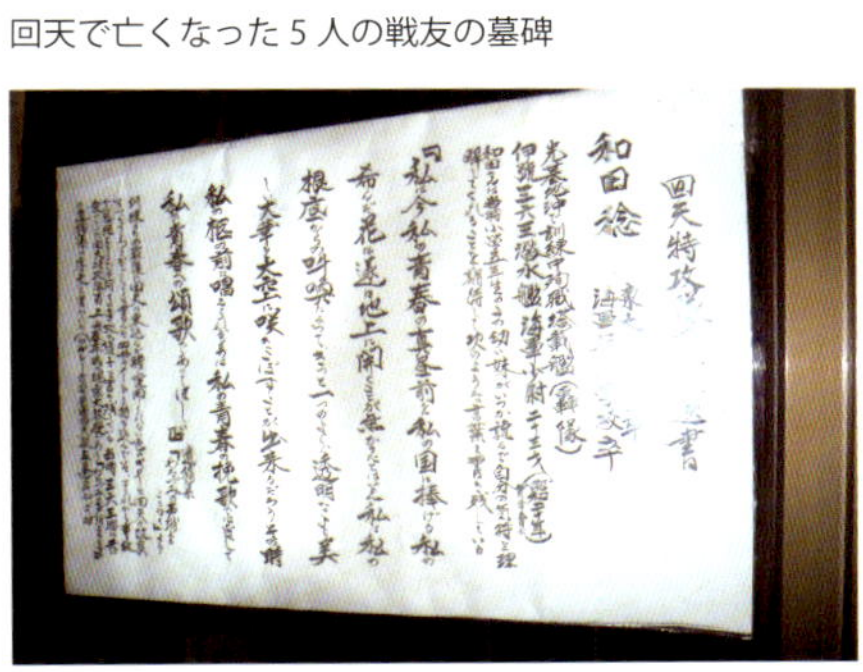
回天特攻隊員の遺書

13 坂浜の暮らし

榎本高治さん・明治39年生まれ・坂浜

昔は、稲城全体が自給自足だったんですよ。町人でも商人でも、物を貰ったりやったりし合いましたよ。八代くらい前から、農業をやりながらのぶりきや、鋳掛け屋等ができてね。鋳掛け屋とは、欠けた鍋、釜を直す商売のことで、「できすぎ鍛冶屋」というあだ名を持つ鋳掛け屋が長沼にありましたよ。自分で自分の仕事を営めるものだから、いつとはなしに皆がそう呼ぶようになった。

食料はすべて自給していましたがね。他の地域とのやり取りでは、卵屋が稲城まで卵を仕入れに来たり、織物では蚕のくず糸（しけ）で織物を織って、嫁のために着物をこしらえて、いい繭は売りに出した。また、紺屋、ねり屋、張り屋等が、府中あたりにあって、そこまで持って行って染めたり張りなおしたりしてもらったんです。木綿は青梅のあたりで作っていて、福島屋では日用雑貨は何でも売ってました。酒屋が坂浜に五軒あって、多いので「酒浜」といってました。味噌や醤油は、大豆から家々で作ってましたね。麦は二条麦、四条麦、六条麦があって、六条麦はよくとれるけどまずいんですよ。

坂浜の大塚牧場

大塚さんは、古くから牛乳絞りをしていましたが、昔は牛乳を薬として飲んでいたんです。当時の蛋白源は専ら大豆でした。三谷さんはお産婆さんをしていまして、お乳の出ないお母さんの子どもには、牛乳は高くて飲ませられないからと、もらい乳をしたり、米をすってすり粉にして飲ませてましたね。

高度成長のころから、自給自足が崩れてきて、労働賃金が高くなり、お父さんが1年働く賃金を、娘が一人でとってくるようになったんです。

土地が商品化し始めたのは、ゴルフ場ができはじめてからですね。ゴルフ場は、山と畑があって1坪20円で買われました。ちなみに火工廠の山は、1坪1円で国に買われました。昔は、何でもお米が基準だった。米は1円で4升買えたので、1俵が10円ということですね。ゴルフ場のできる前は、ゴルフ場の中を通って、細山、金程ともつながりはありました。八王子や町田は遠いところでしたね。

「半径12キロ半くらいの所からお付き合い」があって、府中からお嫁さんが来たりして、結婚圏は商圏と等しかったのですね。見合いもなく写真もないので、結婚するまで結婚相手の顔を見ないこともあったんですよ。

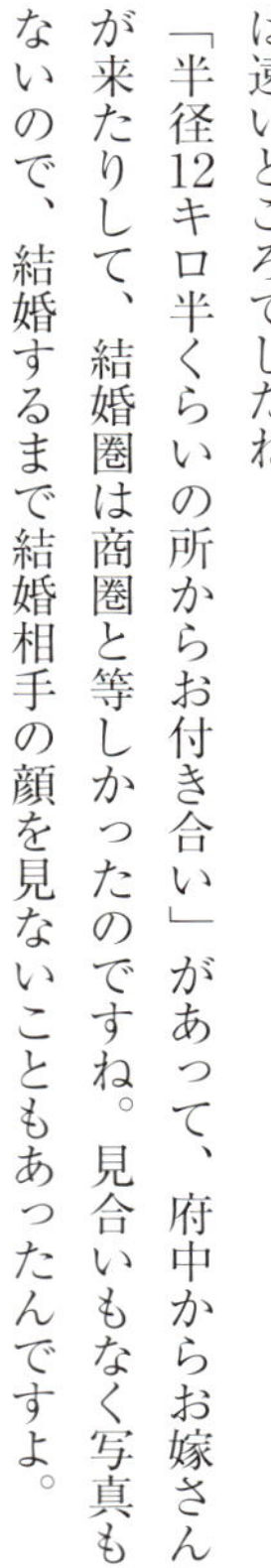

じんがら水車とたちがら水車

坂浜には水車が13個あって、稲城の中では一番多く、三沢川の上流部と上谷戸川に水車があって、共同のものや個人持ちのものがありました。個人持ちは、地先の川を許可を得て使っていましたね。稲の水、臼の水に利用してましたね。米は水車でついていたので、水車も貸したり借りたりしました。

水車には、「じんがら水車」と「立ちがら水車」があって、じんがら水

水車のある上谷戸親水公園

車は足で踏む方式で、たちがら水車はまっすぐにつく方式です。水車では半日に2斗をついて、暖かいうちに続けてやらないと、ぬかがとれないんだね。水車を持てるのは裕福なところで、車大工に作ってもらっていました。個人個人が小さい堰をこしらえて、水車を貸していた。田中の水車は、あとには米屋になったんです。

農地解放と市街化調整区域を選んだこと

昔は、火工廠は入会地で草刈場でしたね。坂浜では「北っ原」と言って、稲城のものなら、誰でも草を刈ってよい場所だった。坂浜では、どこの家でも田が3反、畑が7反くらいの耕地しかなかったので、農家では次男三男は東京の上町（新宿、四谷）へ働きにいったんです。

戦後、農地解放があって、昭和23年11月23日現在、作物を作っている人が自作農になり、それまで小作だった人にも、田畑が与えられました。それ以前は、榎本、川高、富永、これらの人に小作料を払っていました。でも、この人たちも、昔は小田原の領主に集めた小作料を収めていたんですね。地主と小作とは、はっきりと別れていて、小作の人は日雇いをしたりしていました。また以前は、農地の売買は許されていませんでした。流地、質屋の流地だけが流通したんですね。

昭和43年に都市計画法が新しくなったときに、市街化区域にすることを土地の人が集まって決めたのです。市街化区域がいいか、調整区域がいいかを多数決をとったんですね。農地を持つのには、税金がかかるから大変です。その当時から、農業ではやって行けなかった。何しろ一戸7反百姓と言って、畑5反、田2反の農家ですから、これでは食べてゆけません。一時期スイカやウリの共同出荷をしたが、うまく行かなかったことがあります。乳牛は畜産の中で一番いいのです。榎本、大塚等30戸くらいが乳牛をやってました。我が家では、農地開放で土地を貰ったのでよかったと思います。今は息子の代だが、土地があるから「農家」は成り立つけど、「農業」は難しいですね。

◎──榎本さんのお話をもとにしてまとめました。榎本さんは、ご高齢にも関わらず、昔のことを正確に記憶していて、明治の方は本当に立派だと感心しました。昔の暮らしは、貧しい中にも、手作りの暖かさと助け合いがあったのですね。（97年3月取材）

14 12歳で関東大震災に…

川崎栄一さん・明治45年生まれ・押立

関東大震災の時、私は、12歳で小学6年生だったね。その日は、丁度9月1日の始業式の日で、学校から帰ってきたのが10時半頃だった。ちょっとの大雨があって、ようやく晴れてきたので、すぐそこの用水堀りへ行って、素っ裸で小魚を「み」（網）ですくっていたんだよ。11時58分に地震が発生したんだけど、その直前、遠く南の方から、「ごおーっ」という雷様が唸るような、すごいうなりのような音がして、「雨は止んだし、雷が鳴るはずはないし、何だろう?」と思ったら、その音が止むか止まないかのうちに、用水堀の地面が「ぐぐっ、ぐぐっ」と持ち上がったんだ。

川崎栄一さん

今、考えると、それは最初の縦揺れだったんだね。それから次は、ものすごい横揺れが来て、用水が横に振られて、水がみんな回りにこぼれてしまった程だった。私は、10メートルくらい先の用水脇の篠竹の群れまで行って、無我夢中でしがみついたんだ。もう、「み」は魚ごと放っぽり出してね。最初は、一体何が起きたのか分からなかった。そばの梨畑の長十郎の木が、ゆさゆさと揺れて、その度に実がばらばらばらばらと落ちるのが見えたよ。何分かして揺れがおさまったので家へ戻って見たら、家の障子が全部外れて倒れていた。おふくろさんは、昼の仕度で天ぷらを揚げていたけど、油の入った鍋をとっさに外へ出して、大事にはいたらなかった。「えーちゃん、随分危なかったな」と後で皆に言われたよ。

押立は5、6メートルから7、8メートル下は、砂や瓦礫が積もっていて、3メートルくらいのところは硬くって鉄みたいになっている。竹んぼを差し込むと、カーンカーンと響いて来るようだ。だいたい南武線の線路までが、その地質で、市役所のあたりは石の層は出ない。第一小学校あたりでは、建って2、3年くらいの倉のコンクリートの壁がパタパタ倒れてた。押立は地盤が固いからか被害は少なくて、半壊が3、4軒、道路の亀裂も3、4ヵ所で済んだけど、百村は、地下水が自然と湧いてくるような地域で、地盤がゆるかったのか、50軒くらいの農家のほとんどが半壊で、稲城で一番被害が大きかった。三沢川ぞいが陥没してしまって、鶴川街道は、幾日か通行止めになりました。

田畑を潤す押立堀

関東大震災で山崩れはなく、亡くなった人もいなかったが、2、3日たってから、矢野口の半鐘がじゃんじゃん鳴りだした。お寺の金も鳴り出して、消防団が25、6人集まっていたので、何があったのか聞いたところ、細山あたりのお寺へ、朝鮮人が暴れこんできたという風説で、当時は、組合があったので、家にいないで警戒して、お寺などにかたまっているように、谷戸坂から入ってくるかもしれないなどと言われた。流言飛言が飛び出して、役立つ情報は全然なかった。押立の天神様に寄って、若者が竹槍を作って、鉢巻きをして、むしろを敷いて警戒をした。朝鮮人騒ぎは、そういう機会に、日本の中を混乱させてやろうと企んだ人がやったことだと、今では思いますね。甲州街道の各所各所に、昔の刀を差した人があちこちにいて、朝鮮の人が殺されたという情報がありました。

学校は休校はなく、段々、落ち着きを取り戻してきました。

小学校で1人当たり20銭か30銭づつ集めて、百村の家族に見舞金を出したのを覚えていますよ。

都内の方を見ると、夜は空が真っ赤で、3日3晩も燃えていました。昼は、火災の後の入道雲が、煙と混じって空高く上がって、本当にすごい光景でしたね。

戦争と婚約者との文通のこと

私は、7年間戦争に行き、広島・長崎の原爆投下のときには、調布の飛行場の部隊にいました。終戦の日には、今でも思い出しますが、「今日はお昼に天皇陛下の放送がある」というので、部隊で並列して聞きました。ポツダム宣言を無条件で受け入れて全面降伏します、というのが放送で理解できました。

戦後は、家に帰って農業につきました。隣の川崎さんと婚約していて、4年間待たせていたんです。1ヶ月に一回くらいは手紙をやりとりしてました。「○○地区にいます」「今は梨の袋掛けが始まる頃ですね」、なんてことを書いて送りました。約束はしていたので、文通はできて絶対に帰って顔を見せる、と心に決めてました。

三年目からは、航空郵便が出せるようになりました。あるとき、私からの手紙が川崎さんに夜中に届いたことがあって、これは戦死の便りかと驚いたという事です。4年間、どんな気持ちで待っていたのかと思いますね

◎──梨園のそばのゆったりとしたソファで、お話しをお聞きしました。昔は近衛兵だったという川崎さんは、今もその面影を残して柔和でダンディです。情報の少なかった時代のことですが、多くの犠牲者を出した震災という、緊急時のお話しは、現代の私たちが、教訓にすべきものが多くあると思いました。（04年9月取材）

15

実家の梨園の思い出と洋品店のこと

川崎トメ子さん・大正11年生まれ・矢野口

私は、稲城と川崎の丁度境の菅芝間に生まれましてね。今の富士スーパーの前に、今でも実家はあるんですよ。あの一帯に梨畑を6反と、稲城の三沢川沿いにも水田を5反ほど持っていて、小さい頃には、農業の手伝いをしてましたね。梨の「稲城」は、今から30年ほど前に、進藤さんという方が作ったのですが、突然変異でできたという事ですね。

昭和の初期の梨は籠へ詰めて、ひと晩かかって築地の市場へ牛車（うしぐるま）で運ぶのです。夕方出発して、朝早く着くのね、日中荷造りをして、2軒分を牛車に乗せるのです。近所に牛を飼っている人がいて、それを引っ張って行く人がいるのです。いい声で歌を歌いながら通るので、甲州街道で有名だったんです。それが私が六つ七つのことですね。

川崎トメ子さん。洋品店で

小学校に行く頃は、木の箱で運ぶので、夏休みの子どもの仕事は箱ぶつけ（箱を釘で打ちつけて組み立てる作業）でしたね。その頃はどの家でも赤梨は長十郎、青梨は二十世紀と決まっていて、それしか作ってませんでしたね。二十世紀の方が少なかったけどね。多摩川梨は当時から有名で、川崎の方から梨の袋掛けの時期になると手伝いが来たらしいです。

袋かけのしてない梨

築地の番頭さんが、菅の農家まで回ってきて、「梨が実ったらうちに荷を降ろしてくれ」と言ってきました。そのうちに、牛車でリヤカーを引いて梨を市場（寄せ場）まで持って行き、それを集めてトラックで運ぶようになったんです。寄せ場が何箇所もあって、家のすぐそばにもありましたね。うちの庭に、夕方になると牛車が来てその梨を積み込んで行きました。

戦争が始まった昭和10年代から戦中にかけて、梨が供出になって、袋をむかないで俵へかまわず詰めました。供出は梨の組合に割り当てがあって、みんな食べ物がなかった頃で、梨を買いに遠くから来るけれども、「持ち出し表」をつけないと売れない時代でしたね。昔は、駅に荷が集積されてました。ある時、親戚が梨を送って欲しいというので送ったけれど、駅員が放り投げて荷を汽車に積むので、全部駄目になったこともありましたね。

そうしている間に終戦になって、自由になり、梨のもぎとりが盛んになりました。大きな車で何台もやってきて、農家は旗を立てて迎えに行ったものです。梨山へ入ってもぎ取るのですけど、梨をもぐのは要領があって、上の方へ捻じ曲げるとうまく取れるんですけど、そのまま下へ引くと枝が傷ついてしまうのね。

昔はアパート収入なんて考えられないし、田んぼだけでは現金収入がないので、梨は現金収入として良かったんです。昭和ひと桁の時代に、父親が「今年は1，500円梨があがった」と言っていたのを覚えているのですが、その当時は1，000円で立派な家が建って、お手伝いさんの月給が1ヶ月で10円、学校の先生のお給料が30円の頃でしたから、いい現金収入だったのですね。年間の現金収入はそれだけだったんです。今、稲城の梨畑はどんどん減っているので、やがてはなくなるのではないかしら。

昔の服装と洋品店を長く続けたこと

私は、菅小学校に通ってました。小学校の頃は、一クラスに63人も生徒がいて、洋服を着てくるのはほんとにわずかで、そういう子は皆、金持ちのお坊ちゃんたちでしたね。昔の金持ちは、小作から年貢をとっている豪農の家で、昔は、1反当たり年貢を米5俵納めていましたから、そういう家では米倉を持っていました。本当に良い倉は、ねずみも入らないほどで、倉の2階には嫁入り長持ち、お客さんの布団、着物、などを入れていました。

憶えているのは、菅と稲城は隣同士だったので、運動会には選手が選ばれて行ったり来たりしていたことですね。稲城の運動会に行った後は、「稲城の学校はボロ学校」といいながら帰ってきましたね。子どものことだから、負けたりして悔しいとそんな事を言ったのでしょうね。

小学校を卒業すると、当時は女の子でも徴用があったんですが、農業を手伝うということで私は免れていました。本当に勉強どころではなかったわね。昭和17、8年の戦争中、市ヶ谷の洋裁学校に行きました。空襲が激しい頃でしたね。戦争中は、都内の方から箪笥の中の衣類を全部持って、お米やお芋と取り替える人がいましたね。お金があっても何にもならないので、品物同士を取り替えたんです。配給があったけど、お米の代わりにサツマイモがきました。サツマイモやうどん粉なんかは良い方で、米ヌカやサツマイモのつるが配られたこともありました。

小型トラックの導入

戦争中は、もんぺに防空頭巾と標準服が決められていて、たもとの長い着物は着れませんでした。みんな、箪笥の着物を直して標準服にして着ましたし、婦人会の講習会で、標準服の作り方の講習を良くやってました。銘仙の着物はお出かけ用に、かすりは普段着にと、それぞれ用途に応じて替えてましたけどね。

戦後に結婚しました。夫が洋品店を開いてましたので、私も手伝いました。夫は手先の器用な人で、おばが洋品店を開いていたので、自分も稲城で洋品店を始めたのね。

昔は、今みたいな既製服はないので、裁縫を習いたいと女の子が入れ替わり立ち代りやってきてね。11月、12月にはお正月に故郷へ帰るというので背広を注文する男の人が多くてもう眠れない程忙しかったのね。1ヶ月に10数着仕上げたものですよ。子どもが小さいうちは、2人の子どもの子守りを近所のおばさんに頼んでいました。夫は55歳に病気で亡くなったんですけど、夫が働けなくなってからは、職人さんを雇ったりして仕事をしました。仮縫いをして体にぴったり合っていることが、洋服の着こなしに通じるんです。注文服の良さは体にぴったり合った洋服で、いつも自信を持っていられることだと思いますよ。生地は日本製も輸入製もあって、注文服と既成服を作るのは、生地を作る段階から違うんです。

そのうちに、既製服が出まわるようになって、注文服を作る人は本当に少なくなってしまいました。最盛期には神田に50軒もあった生地屋さんがほとんどつぶれて、それに従って付属品屋さんもつぶれてしまいましたね。

昔は、体に着物を合わせたんだけど、今は体を着物に合わせて、また流行も早くって、注文服を作る人は本当に減りましたね。今は、縫製工場がいくつもあって、一番安いのは韓国で、手間の安いところで作らせるんです。安く買えるからわざわざ洋裁を習う娘さんは今はいませんね。

でも面白いもので古着屋さんで古い洋服を買って直して着る若い人もいるんですよ。年に1、2着遠くの方から決まって注文をくれるお客さんがいて、「まだやってますか?」と言われるんです。今はちょっとした既製服の直しもやっていてそれが結構忙しいです。

◎――川崎さんは、地域で活躍するとてもおしゃれで素敵な女性です。今でもお仕事を頑張っていて、ご本人は、「これまで何とか生活できたのは洋服店のおかげかもしれません」とおっしゃいます。(04年10月取材)

16 からかさ造りと多摩川原橋の渡り

篠崎キミさん・明治44年生まれ・東長沼

私は、昭和10年に稲田堤の上菅からお嫁に来ました。篠崎家は稲城にあった3軒のカラカサ造りの家のひとつで、それは篠崎家の、今から六代前の大工の和助という人が、明治8年頃に建てたものだそうです。当時、50円で建てたそうですよ。東向きの5間間口の入り口を入ると、土間が広く南側の縁側も日が良く当たり、家の真中に大黒柱があり、その回りに部屋が多くあり、使い勝手の良い家でしたよ。

婚家は農業を広くやっていて、桃と梨、大麦小麦をやってました。山では七曲をはるかに行く七曲の千本松、百村のとんび谷戸のところにも畑があって、ニンジン、ゴボウ、サツマイモ、などもやってました。

昔は、とにかく現金が貴重なもので、卵やりんごを自由に食べられるような時代ではありませんでしたね。時々、売りに来るのを買うくらいで、何でも屋が2軒でもあれば上等な時代でした。農家は現金が入りにくかったので、「まぶし」（蚕が繭をつくる寝床）ごとや、「玉繭」や「美肌」という繭を売って現金収入を得てました。

現金の入る仕事といえば、この辺りでは、多摩川の砂利とりの仕事がありましたね。砂利とりにもいろいろな仕事があって、「上揚」というのは、砂利を土手に上げることで、「小回り」と言うのは砂利を受け取ることで、それぞれ賃金が違うんです。南武線で、その砂利を運んでいましたよ。

嫁に来た年の11月22日に、完成した多摩川原橋の三代夫婦の渡り初めに選ばれました。親子三代が暮らしている家が選ばれたんです。祖父、直吉79歳、祖母、さわ77歳、義父、善吉60歳、義母、よし58歳、夫、幸蔵27歳、私が25歳で三代とも2歳違いなんですよ。渡り初めの前日は、近所の人に手伝ってもらって、30人から50人の煮物や天ぷらのご馳走作りで、当日は、丸まげを結い上げ、髪結いさんが家に来てくれて、紋付の着物で橋を渡り、77歳のおばあさんには、付き添いのおばさんがついて渡りました。渡り終わると、多摩川の平坦な所にテントが張ってあり、中でご馳走になり、帰りは、その頃珍しい自動車で送ってくれました。調布からも、三代夫婦一組が渡り、若夫婦が新婚だったので、高島田に帯の下のおはしょりのところにはピンクのしごきをしめていました。あくる日も、着物を着て写真撮りで3日間は大変でしたよ。その後できた是政橋は、神主がお払いしただけでした。

多摩川原橋の渡り初めの写真

ふるさとの思い出など

私の出身地の稲田村の話には、六地蔵があって、それはあるお大臣の家の8人の子どものうち6人も死んだので、供養のために作ったのです。また、「ねの神様」の下の所に、「流れ官女」があって、それは、農家ではお腹が大きくても働いたから、子どもが流れてしまうことがよくあって、それを供養するために作ったものでしたね。

昭和3年に、稲城長沼駅ができたのですが、その当時は、長沼駅の千代田倉庫あたりから、矢野口のコカコーラあたりまでが沼だったので、都議会議員をしていた森さんが、尽力して埋め立てたという事です。そのとき一緒に三沢川の田のくろも埋め立てられました。

◎――稲城市や南武線が、多摩川の砂利採掘に伴って発展してきた様子が、良く分かります。渡り初めのお話しに、昔の人の暖かい心が偲ばれます。ふるさとの思い出の部分は、後に聞き書きをもとに書き加えました。（94年3月取材）

17

徴兵検査から召集そして戦争

小宮徳治さん・大正9年生まれ・百村沼

　私は、小宮家の男6人女1人の、7人兄弟の長男に生まれたんですがね、兄弟の中で今生きているのは、私と次男とそれから六男だけです。後の兄弟は、皆、子供の時に亡くなったんです。戦争へは、召集で行きましたよ。最初の徴兵検査の時に、「女並みの丙種合格」と言われて、納得いかなくてね。何でだとよーく考えたら、私は猫背なので丙種と言われたんだね。後で考えれば、かえってそれが良かったんだけど、その当時は、やっぱり甲種合格に比べると肩身が狭かったね。徴兵検査を全部で3回やったんだけど、やるごとに位が上がって最後に召集になったんだ。赤紙ではなかったので、1週間くらいの間に入隊すればよかったんだよ。赤紙の人は、1日くらいの間に、すぐに入隊しなくてはならなかったし、入隊してすぐに戦地に送られたんだよ。私は内地で教育されて、それから石川県の錬兵所で教育を受けて、千葉の飯岡に派遣されたね。馬方と言って、軍隊としては一番下っ端の方の位で、荷馬車で荷物を運ぶ仕事をしていたね。そして昭和19年の6月に召集が来て、外地の上海へ送られたんだね。門司から船で釜山を通って行きましたよ。仕事は、上海の村に度々出る匪賊を追い払うことで、匪賊と撃ち合って弾の下をくぐったのはさすがに怖かったね。

山の畑へかごをしょって

　戦争が終わると、国で食うものがなくて困っているので、農業や漁業の人は最初に日本に帰されたね。帰ってからは食うものが無くって、サツマイモのくずなんかを食べましたね。

　何せ、国に残っていた両親2人分の食糧以外は、米でもサツマまでも皆、供出させられていたからな。

南山の畑

ニュータウンのこと

　ニュータウンができる前には、今の三和の下に2反くらいの田んぼがあって、そこでお米を作っていたんだ。一家が1年食べるに十分な広さだったけど、うちは田んぼはそこ一ヶ所だけだったから、それからは米は買うようになってしまったんだ。

　反対しても強制的にとられたから、ここらの人はニュータウンに反対はしなかった。向うにすれば、高く買ったと言うかもしれないが、こちらにして見れば、安い値段で売ってしまったね。ニュータウンになる前は、雑木林と谷戸田と畑が沢山あって、中には桜ヶ丘の方へ続く道があってね。

　うちは、ニュータウンや区画整理や道路の拡幅で、田畑が随分少なくなったね。今は、自分が食べる野菜だけを作っていて、何とか草が生えないようにしているくらいだね。昔は、田んぼにマムシが沢山いてね。マムシに噛まれないためには、田の草を手でとる時、草より先を見て無いと駄目なんだね。私はやられたことは無いけど、近所でかまれた人もいるよ。マムシは、南傾斜の暖かい所によくいるんだよ。日向ぼっこをしているんだね。

◎――小宮さんは、今でも毎日百村の山の畑へ出かける元気なおじいちゃんです。農作業を終えて、駒沢学園を見下ろす山際で、日向ぼっこをするのが小宮さんの日課です。（04年12月取材）

18 妙見寺の星祭りの思い出

内田シノさん・大正9年生まれ・東長沼

内田家は、この辺で数軒しかない、先祖代々から続いている家でした。

妙見寺では、蛇より行事と、星祭りと、お釈迦様の生まれた日が大きなお祭りで、特に、星祭りは、毎年冬至の日に、檀家や地域の人が集まって、翌年の厄よけや家内安全の祈願をしてもらう、最大のお祭りでした。

昔は、南武線一帯や調布、深大寺からも地域の総代が集まって、それぞれの部落の1軒1軒が、1キログラムくらいの玄米を袋に詰めて、お賽銭として納めたんですよ。総代になった人は、籠にたくさんの袋を背負って納めて、また次の年の袋をもらうんです。大人たちは、夜中にお参りして、妙見寺のご住職が読経をあげましてね。もう寒いなんてもんじゃなかったですけどね。

妙見寺の境内

子どもも、お祭りが楽しみでね。何が一番と言うと、妙見山のてっぺんに百村の遠藤さんが、甘酒大福を売りに出してね。大福を裏返しながら、鉄板でこんがり焼いたものなんだけど、それを買って食べるのが楽しみでしたね。それから、痰きり飴やみかんなども並べられてね。駅前の遠藤玩具店が、おもちゃを並べて、「どれも10銭だよ、ちょいちょい買いな」と歌いながら売ってました。その節が、今でも思い出されます。

中でも一番の想い出は、星祭りの日にアンデルセンの童話を買った事ですね。行商の古本屋が、ゴザを敷いて本を並べていたんですけど、その中に、チューリップの中に小さなお姫様が入っている挿絵の本があって、余りの可愛さに、欲しくて欲しくてたまらなくなって、お金をもらいに家に走って帰って、母親にねだってねだって、それでもなかなか出してもらえなくって、やっと50円をもらって戻って買いました。嬉しくって、何度も何度も読みなおしましたよ。

この辺りから妙見さんまでは、ずーっと田んぼだったんですけど、星祭りのあくる朝には、麦畑に酔っ払いが酔い覚ましをしたり、酔い倒れていたものですよ。昔は、今のようにお酒を飲むことは余りなかったのでね。大人にとっても楽しいお祭りだったのでしょうね。

◎——本の大好きな内田さんは結婚する時も「風とともに去りぬ」の三巻や島崎藤村の本などを持参し、座右の銘は、「風とともに去りぬ」のスカーレット・オハラの「今日はもう考えるのはやめよう、明日また考えよう」とのことです。今でも、読書をかかさない素敵な女性です。(05年1月取材)

19 矢野口周辺の思い出と屋号について

大正生まれ・矢野口の方にお聞きしました

もともと、矢野口も大丸も多摩川の中にできたところで、5メートル下は砂利で、古多摩川なのです。その名残りとして、穴澤天神社から向こうは羽村の立川断層があるんです。矢野口から調布へ抜ける道は、甲州街道の古道です。威光寺と穴澤天神社はもともとは同じだったんですが、神仏を分けたときに分離したんですね。大東和戦争の始まる初期のことです。

多摩川原の場所が動くので矢野口駅を決めるのが大変だったんです。矢野口では多摩川からトロッコ線が引かれていて、近所の子どもたちがトロッコに乗って遊んだりしてました。当時の交通手段は、南武線と渡し船で、矢野口や菅に渡船場がありましたね。鶴川街道の本通りは、今のお風呂屋の裏道で今の大きな道はなかったんです。また、一番川に近い土手はなかったんですが、風水害で後になってできたんです。矢野口クリニックの所に元は土手がありました。

矢野口の馬頭観音

昔、大水が出て、矢野口渡船場のところで、胸まで水が出たことがありました。奥多摩の材木がたくさん流れて来たので、拾って隠した人もいたのですが、皆、印が押してあったので、品川の方へ持って行ったそうです。一中のグランドに学生がとりのこされて、船でようやく避難する騒ぎもありましたよ。

昔は、南武線と土手の間に部落があって、農耕馬が死んだ時に処分する仕事をしてました。馬の鞍も作ってました。そこに、馬頭観音があったんですね。

古い家は、屋号を皆持ってます。その家の商売や、場所やおじいさんの名前から、一文字取ったりしてつけました。昔はよそから入ってくる家がないから同じ苗字が多かったんです。それで区別するためにつけたんですね。例えば川のへりの家は川端とか、マスキは酒屋さん。板屋は長坂さんで材木屋さん、角屋は場所、ざるやはお酒や雑貨、かじやは何軒かあって刃物を売ってました。また谷戸の名前をとったりしましたが、それだけ谷戸が多かったんです。清水谷戸、上谷戸、上の何々というのは榎本の総称です。伊勢屋は後藤さん、松大臣は原嶋さんで梨を出す場所、とよは用水の水を分けるためのといの口の事です。須恵は占いをする家で古くは作物ができるかどうかを占っていた人なのでしょう。菅は牧草ばかりの土地柄から名づけられたらしいです。まだまだいろいろありますね。

◎――稲城には屋号を持つ家や店が沢山あります。屋号で呼び合う地元の人々を見ると、幼馴染同士のようでとても羨ましく思えます。（05年2月取材）

20 奉公の想い出（川崎さん）

川崎登代さん（大正12年生まれ）と押立みどりクラブ高砂会の皆さん

私は、調布の生まれです。私が子どもの時分には、小学校を出ると皆奉公に出たもんです。私も小学校を卒業して2年間、深大寺前のおそば屋さんで、2歳の子どもの子守り奉公をしました。奉公の賃金は、親が先に持って行きました。まだ幼なかったので、良く泣いたものです。子どもを寝かし付けるために、子どもを背負って外に出て、なかなかぐずって寝ない時は、私も一緒に泣きましたよ。

自宅の縁側で川崎登代さん

冬、手に赤切れが出来て痛くて、そのことを葉書に書いて実家に出そうとしたら、奉公先の旦那さんと奥さんに見つかってね。「そんなことを書いたら親御さんが心配するから、これを塗りなさい」と、クリームを塗ってもらったのを良く憶えていますよ。お盆とお正月には、ゆかたやあわせをこしらえてくれて、小遣いをもらって実家に一晩泊まりで帰してもらいました。行きはすごく嬉しかったけど、また戻る時には泣き泣き帰りました。

主人とは見合結婚です。結婚式の日には、リヤカーを借りて、箪笥、鏡台、下駄箱など家具一式を載せて橋を渡って来ました。この辺り一帯は田んぼと竹藪ばかりで、狐が出たり、人魂が飛んだり、蛍もたくさんいて、「こんなに寂しい所に嫁にやるのは不憫だ」と家族に言われたものです。でも、お姑さんが優しい人で、冬に田んぼに藁で風よけを作って、その中で靴下やズボンの繕いものを一緒にするのがとても楽しみでしたね。

府中と稲城の押立町のこと（高砂会の皆さんのお話し）

今の府中と稲城の押立町は昔は多摩村という一つの村で、昭和20年代に府中と稲城に分かれたんです。

でも、子どもの疱瘡の予防注射などは府中でやったので、私たちは着物の裾をはしょって、子どもを背負って多摩川を渡って行ったものです。船便は3銭もして高かったのでね。農家のお嫁さんは、食べるものも遠慮したりなど、いろんな苦労をしてきたけれど。お陰さまで、今が一番幸せですね。

◎――川崎さんは、押立みどりクラブで、毎週、唄や踊りに励んでいます。川崎さんとクラブの皆さんと一緒に、手料理をいただきながら、お話を伺いました。楽しい取材でした。（05年3月取材）

21 押立の共同墓地とお念仏

土方まさみさん・大正12年生まれ・押立

私は、長野の生まれで、昭和21年に稲城に嫁に来ました。おじいちゃん（夫）は次男で、結婚した当時は、土方の家には長男、次男、三男家族と親夫婦の4家族、合計16人の大家族が住んでいました。結婚して間もなく、おじいちゃんが肺を患ったので、勤めをやめて子守りをし、私が農家を手伝うようになりました。おじいちゃんは治療のために、週に1回ストレプトマイシンを打ちに行きました。その後、私も自転車から転んだのが元で、脊椎カリエスになってしまって、年寄り（義父母）が、煮干や卵の殻や、秋刀魚の骨をコンロで焼いて、毎日食べさせてくれて、それでようやく治ったんですよ。でも、その後も粟粒結核になったりで大変でした。

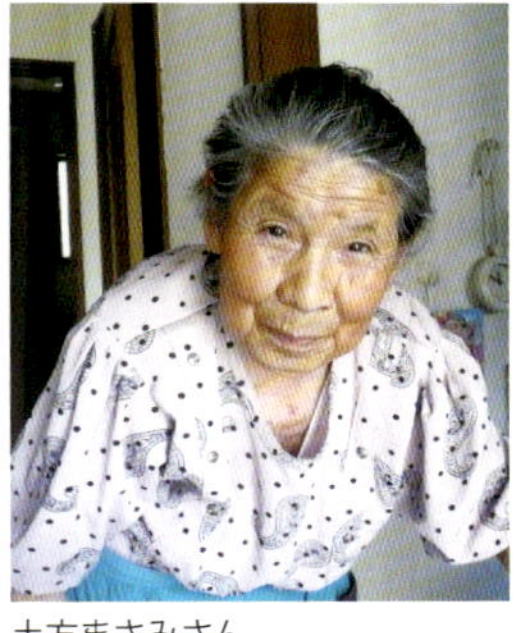

土方まさみさん

押立の共同墓地は、ここに古くから住んでいる家40軒が、共同で持っています。本家だけでなく、分家も分けてもらえたんです。確か、私たちも3,000円くらいで分けてもらいました。共同墓地は、宗派は各家それぞれで、私らは妙見寺の檀家ですが、川向こうの府中や調布のお寺の檀家になっている家もあって、一般的に法事は家でやって、飲み食いをそば屋でやることが多いですね。昔は土葬だったので、続けて人が亡くなった家では、「掘ったら前の人の髪や骨が出てきた」なんて男の人が言ってましたね。

押立は、上講中、下講中に分かれていて、役員に当たった人が世話役になって、大体は、男の人が墓を掘ったり表向きの仕事をして、女の人はお茶番やお念仏の役です。念仏には、短節と長節があって、短節は、たくさんあるけれど、長節は、2、3種類しかないんですよ。短節は、節の終わりに鐘を叩いて調子をとります。大きな数珠を5，6人で持って、廻しながら唱えるんです。おじいちゃんは、お念仏が好きだったので、亡くなった時には、隣組に頼んで念仏をしてもらいました。

この頃は、お念仏を唱える家は本当に少なくなってしまって。でも、今度のお彼岸のお中日には、皆が、押立自治会館に集まって、お念仏を唱えるんですよ。

◎──お念仏は、死者を弔い残されたものを慰める、地域の古き良き風習だと思います。この記事を書いている私自身、愛猫が思わぬ死を遂げた直後で、立ち直れずに涙する毎日だったので、土方さんのお話しは、心に染み入りました。（05年4月取材）

22 履物店の変遷

須藤 さん・77歳・ペアリーロード稲城商店街

私がここで商売を始めてから、かれこれ40年だね。最初は下駄屋だったんだよ。店の場所も、もっと奥の方にあったけど、周りの店がやめたりしたので、今の場所に移ったんだ。仕入れは、浅草に自動車で行ってたね。

昔は盆暮れには、下駄がよく売れたもので、新年を新しい履物で迎えるのが習わしで、一家の年寄りが、家族全員の下駄を買いに来たね。また、お盆には墓参りや盆踊りに、新しい下駄を履きたいということで、良く売れたんだよ。

下駄の材料は、ヒノキやキリやヤマギリで、ヒノキは栃木産、キリは福島産のものが多かったね。上等なのはヒノキの下駄で、とても軽いんだよ。また、嫁に行くといえば、近所の人が下駄を買ってあげたものですよ。下駄は、「鼻緒」をすげかえて、一つの下駄を長く履きましたね。今では、下駄も履かなくなったし、そう言えば、雨の日にも、長靴を履くこともなくなったね。

下駄が売れなくなってから、靴やサンダルを売るようになったけど、仕入れは同じ浅草ですね。稲城に5、6軒あった履物屋も、皆やめてしまって、今ではうち1軒になってしまったね。あと2、3年は続けたいと思っているけれど、私がやめたら、稲城の履物屋はなくなってしまうね。若い人は皆、新宿や渋谷に行くし、今はスーパーで靴が安く売られているし、どんなに頑張っても、値段では勝てないからね。昔のように、「鼻緒」をすげ替えるなんてことはなくなって、ただ売るだけだから、私たちのような商売は、どんなに頑張ったって値段で負けちゃうもの。

ペアリーロード稲城商店街

駅前のこういう商店街は、中年以降の人が、歩いて買い物が出来るから必要だと思うけど、そういう良さが分かってくるのは、30歳過ぎてからだからね。「商店街が大切」と皆言うけれど、いざとなったら安いスーパーに行っちゃうしね。何だか寂しいね。

◎──私は普段の買い物は、駅前商店街で済ませます。お店の人とお喋りしながらの買い物は楽しいものです。魚、肉、お茶、薬、衣類、履物、何でも揃って安心、安全です。皆さんも、是非、駅前商店街に足を運んでください。（05年5月取材）

23 稲城の養蚕のこと

高橋新一さん・昭和4年生まれ・矢野口

私は、稲城のこの家に生まれて育ったんだ。13、4歳の時分から、大人とまじって仕事をしていたので、稲城の古い昔のことは、皆より良く覚えていると思うよ。昔、この矢野口一帯で蚕をやっていたのは、12軒くらいだったね。蚕のことは、「お子様」と言って大事にしていたね。

養蚕はまず、最初に卵からかえったノミみたいに小さい蚕を、座敷に広げて飼うんだ。座敷の畳は、蚕の糞で汚れないように、繭がとれるまでは上げおくんだ。蚕の部屋は障子に目張りして密閉して、練炭をたいて、温度を一定にして育てたね。空気が汚れても死んでしまうので、練炭を入れたり出したりして、とっても大変なんだよ。毎日、農業普及員が巡回して来て、湿度が高いとか低いとか、温度が高いとか低いとか指導するんだけど、そのとおりにするのが難しくてね。蚕が育っている間、家の者は、蚕に部屋を占領されたまま、部屋の端っこの方に寝たもんだよ。

高橋さん宅の昔の養蚕部屋

蚕が大きくなると、ひと部屋では入りきれなくなるので、蚕のための部屋を丸太で建てて継ぎ足して、繭がとれると、また、小屋も取り壊すんだよ。その頃は、蚕の餌の桑を畑にたくさん植えておいたね。桑の葉は、「ツメ」という道具で、葉だけを切って、小さな蚕には、包丁で小さく刻んでからやるんだよ。そうしないと生まれたての蚕は、食い付けないからね。

桑を食べてどんどん大きくなって、透き通ってしまいに人の中指位の大きさになって、桑を食べなくなると、今度は、繭を作るための「まぶし」に蚕を移すんだ。蚕は、1匹が何百メートルもの糸を吐いて繭を作るんだよ。繭ができるとすぐに売るんだね。蛾が出てしまうと、糸が切れて売り物にならないからね。たまに2匹でひとつの繭を作るのがいるけど、それも売り物にならないんだね。そういう繭は、糸が絡みあっていてほどけないからね。

「まぶし」は、始めの頃は、稲藁で作ったものを使っていたけど、そのうちに、竹縄を編んで作ったものが出てきて、終いの頃は、「回転まぶし」を使うようになったね。いろいろ工夫されていたんだね。蚕の繭にも、いろんな種類があるので、出荷は種（卵）を買った会社に持って行くんだ。契約栽培みたいなもんだね。1年に、「春子」と「秋子」の2回程育てていたね。稲城では、昭和13年、4年頃で、養蚕は終わりになった。何故かっていうと、梨畑と桑畑が、仲悪いからね。梨は農薬をかけるから、桑にそれがつくと、蚕によくないんだよ。息子も今は、農業を継いでくれて、ぶどうやみかん、梨、などいろんなものを作って、これからも稲城で農業をやりたいと思っているんだよ。

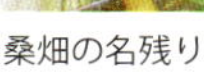

桑畑の名残り

◎——私も小学生の頃、夏休みの自由研究で、蚕を育てました。毎朝5時に起きて、近所の川端の桑をとりに行ったことを、良く憶えています。蚕を家族のように愛しんだ農家の暮らしぶりが、目に見えるようでした。

（05年6月取材）

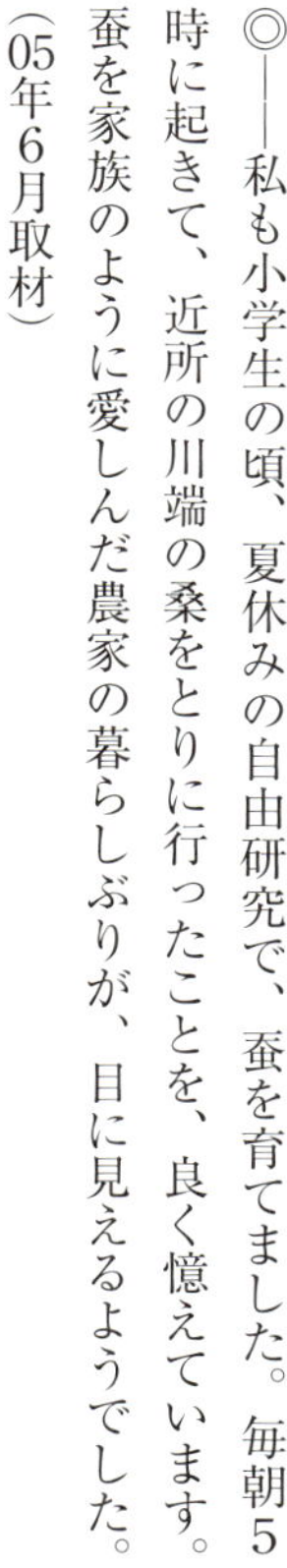

24

稲城の米作りのこと

宮崎久吉・章さん・大正9年、13年生まれ・東長沼

稲城は昔から水田と梨が多かったけど、私が子どもの頃は、三沢川から向う（南側）では、梨ができなかったもんだ。何故かと言うと、向う側は地下水が高くて、山の近くでは冬になると、地下水が暖かくて、湯気が出てモヤがたっていた程だからね。多摩川がもっと深くて水があったので、地下水も、それに連動していたんだね。だから、鶴川街道から南側では、梨ができずに田んぼが多かったんだね。でも、私が覚えている限りでは、昭和9年から10年頃に、南側でも梨を作るようになったんだよ。今では向こうの方が梨がたくさん作られているけどね。

私の家でも、向うとこっちに水田があって、全部で梨畑は、3反、水田は4反程あったけど、稲城大橋ができた時に、道路にとられてしまったので、今では全部梨だけになってしまったよ。

用水路脇で 宮崎章さん

稲城の米の作柄は、時代とともに変わったけれど、昔は、「稲城米」と言えば、寿司米のできるおいしい米だった。田畑の肥料は、山のくず（山の落ち葉を履いて堆肥にしたもの）や肥え（人糞）だったんだ。「肥え引き」と言って、屎尿を新宿まで手車で買いに行ったものだね。牛や馬を持っている人は、牛や馬で引いたけど、私は人力で引いた。最初のうちは、肥えをお金を出して買ったけど、そのうちに団地が増えて、逆にお金をもらうようになったね。肥えは、「しろかき」のときに振り入れて混ぜるんだね。

昔は、二毛作だったから、冬には麦も作っていて、麦に直接かけたけど、まだ、紙が残っているようなこともあったね。肥えは、新しいと作物に多少毒になるので、肥溜めに溜めて、いくらか寝かせてから使ったんだよ。

◎――稲城は、昔から米づくりの盛んな地域でした。今でも水田があちこちに広がって、四季折々に表情が変化するのを見ることができます。そんな時、稲城に暮らして本当に良かったと思います。でも、その水田も区画整理などで、どんどん減っています。本当に寂しいことです。私たちも水田を残すために、何かお手伝いができればなと思います。（05年7月取材）

用水をめぐる争いと博労のこと

田んぼの水は、今と同じ大丸用水を使っていたけど、水が足りなくて、田んぼ同士の取りっこだったよ。だから、水を公平に配るように水番というのがあったんだ。天気が続いて水不足になると、水番が見まわりに来て、田んぼの水の入り口を順番に開けるんだよ。水番には部落の者が交代で行ったんだ。でも、今は田んぼをやるところが少なくなって、かえって水が余る程だね。大丸用水は、多摩川の水を、南多摩の取水口から下流に引いていて、用水全体の水の管理は用水組合がしていて、当番が水の入り口を調節しているんだ。それで、水がない時は、部落同士でちょくちょく喧嘩したもんだ。私が聞いた話しでは、少し上の用水の分水口で、そこから水を分ける二つの部落で鍬を持ち出す程の大喧嘩になって、当時の稲城警察の管轄だった八王子「から、警察が来たこともあったという。その分水地を「喧嘩口」といっているよ。

昔は田んぼの代掻きは、馬でやっていた。代掻きの季節になると、近所の2、3軒で共同で博労に馬を頼んでおくんだよ。大抵部落に二人や三人博労を斡旋する者がいて、この辺じゃ矢野口にいたね。うちでは町田の博

喧嘩口・大丸用水分水口。菅・中野島など下流まで流れる

労に頼んでいた。家の物置を馬小屋代わりにして、代掻きの間の10日間くらい、餌をやって世話をするんだ。代掻きに慣れていない馬は、なかなか水に入らなくて、びくとも動かなくて困るんだよ。そんな時は、近所の人を呼んで来て、一緒に馬を押したり引いたりして入れたもんだ。1日が終わると、馬を家の前の小川へ入れて、体をきれいに洗ってやるんだ。

昔は、とれた米は国に供出したんだ。「何反あるからいくら供出、家の人口が何人だからいくら米を残す」というふうに、水田の面積と家の人口で、供出量と保有米が決められていたんだ。小作は5俵とると2俵が地主への年貢で、その残りを、さらに供出にまわしたので、農家でも米の飯は余り食べられなかったもんだ。

人口が少なくて、雑排水も少なかったから、用水の水がきれいで稲城の米はおいしかったよ。家の前の川には、光りの大きなゲンジホタルがたくさん飛んでいて、子どもたちが、ホウキをサーッと振ってとったもんだよ。川のふちまでピカピカ光って、本当にきれいだったね。

◎——川と用水と人との深い絆は、今ではなくなりつつあります。「家の中の『かや』にまで蛍が入ってきた」という宮崎さんのお話しに、今の暮らしが失ったものの大きさを感じました。（出版にあたり久吉さんのお話を章さんに補足していただきました）（05年7、8月取材）

25

大丸用水の今と昔

大久保侑年さん・大正10年生まれ・大丸

私は、稲城で生まれて、戦争に行った4年を除いて、ずっと稲城で暮らして来ました。

大丸用水は、六か村用水と言って、大丸、東長沼、押立、矢野口それに稲田堤の二つの村が組合を作って使ってました。川幅が今より広くて、両岸に暗くなるくらい木が植わっていて、魚も随分いましたよ。よーく魚釣りや魚とりをして遊びましたね。今、いるのはコイばかりで、誰も食べようなんて思わないけど、昔はハヤ、ドジョウ、ウナギ、ナマズ、コイ、セイボ等、本当にたくさんいました。アユもいたけど用水の入り口からあんまり入ってこないんだね。でも戦後、農薬を使い始めてから、魚がいなくなりましたね。

大久保さんご夫婦

大丸用水は5月に水を入れるので、昔は4月に近所総出で堀さらいをしました。そして5月に水を入れて9月になると水が止まる。水を止めたら、大人も子どもも毎日賑やかに魚とりです。そうやってまた来年の5月まで水を抜くんです。昭和12年に火工廠が出来て山を削ったので、6月の梅雨時に大丸用水が埋まるほど土砂が流れてきたことがありましたね。

大丸用水が、今のように護岸整備

水の流れと緑が美しい大丸親水公園

されたのは、多摩川の所に、下水処理場が出来た後なんです。稲城では、初め井戸の水をくみ上げて上水道を作り、それから、今度は下水を作って、それで処理場を作ることになったんですが、計画では稲城だけでなく、府中や狛江の汚物も処理すると言うので、大丸では衛生上悪いからと処理場に反対しました。府中や狛江の屎尿も、府中街道を通って車で運ぶので迷惑だと反対したんです。でも、「迷惑料を払うから是非やらして欲しい」といわれて、その見返りに用水の護岸整備をしたんです。今では、用水沿いの道路も新しくつけて、長沼境まで親水公園になっています。

生まれた家は多摩川沿いで、家の前が昔の多摩川の堤防だったんです。堤防は今より外側にあったんだけど、昔は、堤防から川までの間に畑がたくさんあって、持ち主が耕していたんだね。だから多摩川では、毎日、水浴びしたり、魚とりしたりして遊んだね。

堤防までは、全部が桑畑で、大丸の80パーセントくらいは、蚕をやってました。農家の仕事は、田んぼと畑で、蚕が年3回。冬は麦。蚕は5月6月で一期。8月で二期。9月で三期。ナイロンが出る前だったから、生糸が売れて蚕はいい収入になったんですよ。矢野口、長沼は梨で、田んぼは食べるくらいだったね。小金井に製糸工場があって、繭が出来るとそこへ持って行ったんです。でも、真綿の布団を家で使うだけは作ったし、どてらも真綿が入っているのを作ったよ。

まだ、是政橋がなかったので、川向うには船で渡ってました。船は当時1銭か2銭だったね。小河内ダムがなかったので、ちょっと雨が降ると川の水量がぐんと増えた。大雨で船が出なくて、繭が運べなくて困った時が何度かあった。そんな時は、多摩川原橋まで、リヤカーで運んで渡ったこともあったね。

多摩川の鮎漁のことなど

鮎漁といって、東京からお客を呼んで、是政の漁師が船にお客を乗せて漁をしていたね。屋形船で網を引いて、鮎をとって、船で焼いて食べさせるんです。是政の多摩川は府中分だから、稲城の漁師は出なかったね。多摩川は、ほとんどが府中分なんだね。まだ南武線が出来ていなかったから、お客さんは、皆、中央線で帰ったよ。

子どもの頃は、このあたり一帯は、見渡す限り田んぼで、うちの前から隣の村まで一目で見えた。ここいらでは、床屋が1軒、商売が2軒であとは全部農家だった。何しろ小学校の同じクラスには、男女8人ずつしかいなかったから。今の大丸の公会堂の入り口に尋常小学校があってそこに通ったね。

村で何か行事があると、必ず1軒から1人は出たものです。掘りさらいだけでなく、「兵隊さん送り」とか、お祭りとか。昔の生活は呑気で、今みたいにいろんなことが、狭苦しく窮屈ではなかったですね。近所が、皆、顔見知りで、何て言うのか人情味があった。雨が降ると農作業が休みだから、隣近所でお茶飲んで一日過ごしたもんですよ。

◎――大丸は、昔は川原方、東方、入り方、下方に分かれていて、多摩川堤防沿いの大久保さんのお宅からは、見渡す限りが田んぼで、隣の村まで見えたそうです。同じ組合からお嫁に来られた奥様にも、お話を伺いました。（05年9月取材）

多摩川、是政橋付近

26

嫁の暮らしと野菜スタンド

田中ツネさん・大正6年生まれ・東長沼

私は、昭和20年に、府中から稲城に、嫁にきました。府中の実家の父は、人の為につくした立派な人で、死んだ時は、村で葬式をやった程だったんです。嫁に来る時に、その父から、「我が子で苦労したくなかったら、嫁に行った先の舅、姑をたてまつれ」と教えられて嫁いで来ましたよ。

昔のお嫁さんは、「明日の天気の悪いのも嫁のせい」にされるほど、辛い思いをたくさんしましたよ。お姑さんは、自分の子が思い通りにならない時など、嫁に当たったものです。テレビのおしんどころではなかったわね。

田中ツネさん。作業場で

長沼一帯は、昔は水田が7割、梨畑が3割くらいで、我が家でも田2反と梨畑2反がありました。そのためお姑さんが、子育てを全部やって、私は、畑や田んぼで働きました。何しろ戦後は、配給のための供出で大変だったから、嫁も1日中働かなくっちゃいけなかったんですよ。

畑だけでなく、雨の日は針仕事、編物もやりましたよ。昔は1時間に1オンスを編み上げたもんです。セーターの1枚も編み上げられないようだったら、嫁にも来れなかったもんです。

旦那は、親の言うなりでね。でも、お姑さんは年とって床についてからは、いつも、「母ちゃん、堪忍して」と謝ってくれました。私は父親の言葉を守ったお陰で、子どもが4人いましたが、「勉強をしなさい」といちども言った事はないのに、皆、立派に成長して、子どもで苦労したことは無かったですね。

田中さんの作業場

人間は人を頼っても駄目で、自分の幸せは、自分で作るものですよ。「天は何でもお見通し」で、困った時だけ、5円や10円あげて、お願いするのではなく、まず、自分を直すことですね。腹を立てずに、言うだけ言わせておく、それもひとつの知恵ですね。私は、今が一番幸せですよ。60年、ここで野菜を作って売って、「おばあちゃん有難う」とお客さんが言ってくれるのが嬉しい。これも、畑があるからですね。人間の幸せは、自分でなんでもできること。そして1日3度の食事がおいしいことですね。

◎――今回は、昔のお嫁さんの生活をお聞きしましたが、未熟な私が、田中さんのように、人生を語れるようになるのには、後、何年かかるのでしょうか。(05年10月取材)

27 昔の平尾の生活

黒田誠三郎さん・大正4年生まれ・平尾

子どもの頃、稲城は6か村町村で、平尾は田んぼと畑と山だけで、農家が35軒くらいあっただけでしたね。今の平尾団地の場所も、もとは12号棟までは、ずっと田んぼで、坂浜から小田急の万福寺まで、田んぼが広がっていましたね。現在の平尾園の下の小さな谷戸は、両側に草が茂って、狸が通りそうな狭い谷なので、「むじな谷戸」と言ってましたね。

平尾の団地ができる以前は、毎日、山で遊んだもんです。冬には、山の雑木を切って、薪や炭にして売りました。ただし、自分の家では薪は使わないで、売れない小枝（そだ）を風呂に使ってました。うちの風呂は五右衛門風呂で、カマが鉄でできているので、麦藁や木の葉など、何でも燃やして便利でした。「孟宗竹」は、冬の良い時期を見計らって、切って保管しておくんです。そして、専門の籠屋さんに、籠を編んでもらって使ってました。

畑では、野菜とおかぼを作ってましたね。この近くでは、矢野口や調布に市場があったので、矢野口の市場に野菜を出荷していました。暮らしはほとんどが自給自足だったけど、何かの時は、今もある福島屋に買い物に行きましたね。店屋は、そこ1軒だったのでね。それでも足りない時には、町田に行きました。当時からこの辺りでは、町田が一番賑やかな町だったので、自転車で1時間くらいかけて買い物に行きましたよ。小学校は、私は一小まで歩いて行き、駒下駄や草履で、約1時間あればいけましたね。息子の時代には、第二小学校に通ってました。第二小学校は、昔は「立志小学校」と言って、場所は今の急そうの所にありました。昭和23年ごろにできたんです。生徒は少なく、1クラス男子・女子が各20人くらいだったと思います。五小は昭和45年8月に開校したんですよ。

昭和40年代には、金種（メロン）とかマクワウリが平尾の特産物で、淀橋市場に盛んに出荷していました。新宿の高野フルーツパーラーでも扱うほどでした。でも、メロンやスイカは連作が難しく、現在のように、農業技術が発達していないので、病気に対する対処ができなかったんです。また、種も自分の所でできた優秀な個体の種をとったんでは駄目なんです。接木や種からの栽培は、現在のようには進んでいないので、次第にメロンづくりは衰退して行きましたね。

新鮮な野菜を並べて

団地は、昭和40年から買収が始まって、第一期の入居は昭和45年でした。団地ができたからと言って、野菜を団地のスーパーに卸すこともありませんでした。半ば強制的に、山や畑を団地に売ったので、農業だけでやっていくのが難しくなり、随分と暮らしも変わりました。また、その後、区画整理した時に、田んぼはなくなって、都会から土地を求めてくる人が増えましたね。それを機会に、他に土地を買ってアパートを建てて、息子は会社に勤めに出ました。仕方なかったのですが、これで良かったのかどうかと思いますね。

◎――黒田さんに加わって農作業から帰ってきたばかりの息子さんにもお話しをお聞きしました。黒田さんは平尾の変遷をずっと見守ってこられたのですね。（05年11月取材）

28

稲城で最後まで続けた養豚

福島シゲさん・昭和6年生まれ・百村

私は、昭和29年に、国分寺から稲城に嫁いで来たんです。その当時は、炭焼きと豚で生計を立てていました。山の持ち主から木を買って、炭を焼いて売りました。ひと釜で、良いのや悪いのを合わせて、20俵近くとれたんです。焼いた炭は、燃料屋に卸してました。おじいちゃん（旦那さん）のお父さんがやっていて、そのあとを私らがやりました。

豚は、最初は種豚が3頭いただけでしたが、それから少しづつ増やしていったんです。豚のお産の時に、おじいちゃんが、「たくさん出るだろう」とお神酒を飲んで待っていたら、2頭しか出なくてがっかりしたこともありましたよ。年に2度、良い子豚を残して種豚にしていましたが、そのうちに種豚は置かないで、1ヶ月半くらいの子豚を業者から買って育てるようになりました。餌は最初は残飯で、大きく育てて売って、生活の糧にしていましたが、そのうちに、残飯だけでは足りなくなって、配合資料を買うようになりました。6ヶ月くらいで100キロ以上になってから売りました。大きくなったら豚屋さんが買って行ってくれるんです。ニュータウンの買収の頃が、最も数が多くて100頭くらいいました。でも、家が建ち並んだのでやりにくいし、段々減って行きました。若い時分には、子どもがお腹にいる時にも、上の子を負ぶって豚に餌をやり、豚小屋の掃除をしたもんです。

ご自宅の居間でくつろぐ福島シゲさん

豚を飼っていて嬉しいことは、やっぱり売った時の収入ですね。毎月、収入が入るように、順繰りに飼育したんですよ。月給のようにね。この辺りが区画整理になったあともやってました。稲城で、最後の養豚農家になったけど、それはある程度、収入が潤ったからですね。

昔は、お風呂の薪をたくさん庭に積んでおくと、そこへ玉虫がどういうわけだか寄ってきたんです。取って箪笥に入れておいたら、いまだに綺麗なままなんですよ。近所の農家の人が、薪で風呂を沸かしていたら、近所から煙が立つといって、怒られたと言ってました。それで風呂も薪で沸かさなくなったけど、本当は薪を使った方が、自然だし、いいんですよ。山の木も切らなくなったので、幹が太くなってしまって、このままでは、山も駄目になってしまいますね。

落ちていたタマムシ

いまでは作業小屋になっている旧豚舎

◎――20年前、娘の夏休みの自由研究を手伝って、稲城最後の養豚農家の福島さんを訪ねたことがあります。当時はまだ先代がご存命で、10数頭の豚が飼われていました。数本の庭の高木に7色に輝く美しい玉虫が飛び交っていました。庭先で自家製のおいしいトマトをご馳走になったことが本当に懐かしく思い出されます。その時お聞きしたお話も一緒にまとめさせていただきました。（05年12月取材）

29

大丸の暮らしとお正月の遊び

田口千代造さん・明治36年生まれ・大丸

私は、大丸で生まれて育ったんだ。昔、大丸は稲城の中では、とても貧しい地域でね。坂浜と長沼が、最も金持ちだったね。でも、大丸は一番ハイカラな地域で、皆、かすりの羽織を着ておしゃれだったね。矢野口は半纏、押立はその中間かな。私は音楽が好きで、マントを着て、かすりの着物でバイオリンを弾くのが楽しみだったね。子どものころには、通信教育でローマ字を習ったものだよ。何故かと言うと、外国へ行って大農場を開きたかったんだよ。夢はかなわなくて、大人になってから、養鶏の仕事をしたけどね。稲城の養鶏組合を作って、渋谷まで、「金杯卵」という名前をつけた稲城の卵を売りに行ったね。

稲城では、昔は水田や畑に入れる用水が、一番大切なものだったね。でも、多摩川の水位が下がってからは、用水を確保するのが難しくなってしまってね。国から用水のための援助金をとるのが、村長として大切だった。坂浜の榎本や富永などの村長は、用水が不用だったので、熱心にならずによくなかった。大丸用水は、昔は六か村用水で、菅や中野島まで行っていたんだ。今でも用水の集まりがあるよ。田んぼはなくなっているが、菅の人が代表をしている。大正時分には、用水の人足は、農家が割り当てで出るのが決まりだった。押立の人が一番良く動いて、運動会をやると、押立の人は速かったんだよ。5月ごろになると、盛んに用水の水を入れるために、ただで仕事をしに行ったし、全国的にも、田舎では道普請をしたものだ。馬の荷物が邪魔にならなければ良いので、せいぜい1メートルくらいの幅をね。

大正時代は、大八車で新宿まで人糞をとりに行ったよ。何で新宿かと言うと、栄養のいい人、麦でなく米、肉や魚を食べている人の肥しの方が良く効くと言うんでね。始めは大根や人参と交換したが、そのうちにお金を出して引き取るようになった。2斗ダル1本で幾らというようにね。怠け者や力のない人は、樽を持ってくるだけで疲れてしまった。大正の初めには、向こうからお金をもらって、掃除してやるようになった。そして樽一個で、20銭くれなければ、掃除してやらなくなり、市が谷では、1樽4円や5円にもなった。その頃の5円は、今の5千円以上の価値があったんだよ。そのうちに牛車が流行って、一台で16個も持ってきた。次には、自動車が百個くらい持って来るようになった。それを梨や麦にまいて、1日の仕事が終わりだった。だから、人糞屋の商売が成り立ったんだ。

大丸の田植え風景

今から30年くらい前のこと、競馬場を作るときに稲城の山を削ったんだ。多摩川の砂利採りが、禁止されてからのことだね。その前の大正時代には、今の競馬場は草競馬をやっていて、今の南武線の西にある大丸の汚水場あたりの土をとって造ったんだ。それから、稲城の粘土や山砂は、建築にいいということで有名になったね。どこにでもあるものではないからね。粘土をとったときの話では、三沢川には黒マグロの層（石油の出る層）があるので、石油が出るのではということだが、本当かどうかね。

お正月の子どもの遊び

子どもの頃の、正月の遊びと言えば、コマ投げだね。家の前の、道路いっぱい使って遊ぶんだよ。薪にする木を、家からこっそり持ち出して、少し厚みのある円盤みたいなコマを作るんだ。そして二手に分かれて向かい合って、そのコマを投げて転がすんだよ。大勢で遊んだね。相手が投げて来たコマが止まったところまで、こちら側は下がる。そして、今度はこちら側がコマを投げる。そうすると相手はまた下がる。相手の投げたコマを途中で板で止めたりして、妨害したもんだ。村の中心から始めて、片方は自治会館、もう一方は、私立病院あたりと目標を定めておいて、そこまで片方が到達したら終わりになるんだよ。歩いて10分くらいの広い地域を使った、本当に豪快な遊びだったね。今では、もうそんな遊びをする子どもはいないけどね。

◎——昔の子ども達は、家の周りが全て遊び場だったのですね。田口さんのお話をお聞きして、今の子ども達も、もっと自由に思う存分、遊ばせてあげたいと思わずにはいられませんでした。（93年4月取材）

30 婦人会の中で学んで育つ

勝山道子さん・大正12年生まれ・東長沼

私が、稲城に嫁いで来て、もうかれこれ60年がたちました。結婚した翌月には、地域の婦人会に入ったんです。婦人会は、それまでの国防婦人会が解散して、戦後の民主主義のもとで、新しい婦人会に作りかえられたんです。

婦人会では、主婦の為に料理教室を開いたり、新しい外国の歌や憲法や民主主義など、いろいろなことを勉強することができました。当時の農家のお嫁さんの地位は低くて、例えば財布を持たない、お産の前後も休めない、子どもの遠足には、お嫁さんでなくお姑さんが付いて行くなど、今思い出しても涙が出てしまうほどです。

今でも覚えているのは、婦人会の会長を務めた女医の松本先生が、梨の寄せ場があった、今のざるやの所に、お腹の大きい農家のお嫁さんを集めて、栄養指導をしたことです。「お腹の赤ちゃんは、菜っ葉や味噌汁だけでは育たないから、本当は良質な蛋白質をたくさんとって欲しいけど、それが無理ならば、毎朝早く鶏小屋に行って、卵を一つ生のままで飲みなさい。そして殻は、足でつぶしておきなさい」と、教えました。

勝山道子さん

当時は、卵は売り物で、決して農家のお嫁さんの口には入らないものだったのですが、こういう現実的な教え方も有るのだと、とても勉強になりました。今は婦人会は、大丸に残っているだけですが、私は婦人会の中で、学び育てられたことを今でも感謝しています。

生まれ育ちが外地で、しかも父親の仕事の関係で、学校を何回も変わって、孤独な子ども時代を送った私は、地域を大切にして、仲間をたくさん作りたいと思いました。その後、栄養改善普及員や、自校式学校給食の運動や公民館設立運動など、いろいろ活動しました。

公民館建設運動

公民館建設のための陳情署名運動をした時には、「そんな事をしても簡単にできるわけない」と、周囲から言われました。また、最初は主旨に賛成していた団体の方々も、いざ署名をお願いすると、「陳情署名というのは、市に対して抗議することだからできない」と言って断わられたこともありましたね。そんな中、子ども図書館のお母さんや、ＰＴＡのお母さん等のお陰で署名が集まったのです。そのおかげで、公民館ができることになりました。

公民館の開館式典では、署名を断った団体の方々も参加して、盛り上げ

稲城市立病院の隣にある大丸公園で水遊びする若い親子

ましたがね。そのとき署名に協力してくれた、子ども図書館のお母さん等のためにも、公民館には、是非図書館を併設して欲しいと、私は考えました。子ども図書館は、当時、決まった場所がなく、場所を転々として活動していました。我が家でも場所を貸していましたが、大雨のときに雨漏りがして、図書がぬれてしまいました。そこで、公民館に場所を提供して欲しいとお願いし、それがきっかけで、各公民館に図書館ができるようになったんです。いろんな事がありましたが、仲間と一緒に成長して行きたい、また違う考えの方がいて、自分の世界が広がるのだと思っています。

最近、身体をこわして2ヶ月程、市立病院に入院したのですが、退院の時に、薬の説明をしてくれた薬剤師さんが、「勝山さんは小さい時に助けてもらった命の恩人です」というのです。良く聞くと、もう数10年前、長沼一帯が田んぼで肥溜めがあった当時、肥溜めに落ちた子どもを助けた事があるんですね。その時の子どもがその人だったんです。その時以来の数10年ぶりの対面でしたが、病気になっても良いこともあるものだと、嬉しく思いました。

昔は、よその子も、皆、自分の子どものように育てたし、また、子どもの暮らしに、地域の大人が、もっと関わっていたと思いますね。

◎――私は子育て時代から、今まで公民館には、本当にお世話になっています。こうして公民館で地域活動ができるのも、勝山さんたち先輩方のお陰なのですね。（06年2月取材）

31 貧乏でも雛祭りは大切に

伊藤ヨシさん・大正11年生まれ・坂浜

昔は、ここらの暮らしは本当に貧乏でしたが、それでも雛祭りなどの節句はちゃんとやって、子どもを大切にしましたね。家に女の子が生まれると、嫁さんの実家や、「五人組」という近所の組合や、「地親戚」という同じ本家の親戚が、お祝いを持って来てくれるんです。それで、お雛様を買ってお祝いをする慣わしでした。お祭りが終わるとお祝い返しに菱餅を作ります。菱餅は、赤、青、白の3色で、3月の場合には、青は餅草を使うこともあるんです。男の子が生まれると、5月の節句に親戚や近所が買ってくれた鯉上りを上げるんです。杉を1本切って、てっぺんに風車をつけてね。

昔は、田植えや稲刈りなども、組合で助け合ってやっていましたから、近所同士のつながりが強かったんですね。田んぼの水や飲み水も、共同で管理していましたからね。昔、水道の無かった時分には、各家庭の庭先に井戸を掘って使っていましたが、それでも日照りになって、井戸が涸れることがあったので、ここから150メートル先の大きな杉の木の根元に、山の湧き水が、自然と絞れて溜まるように、

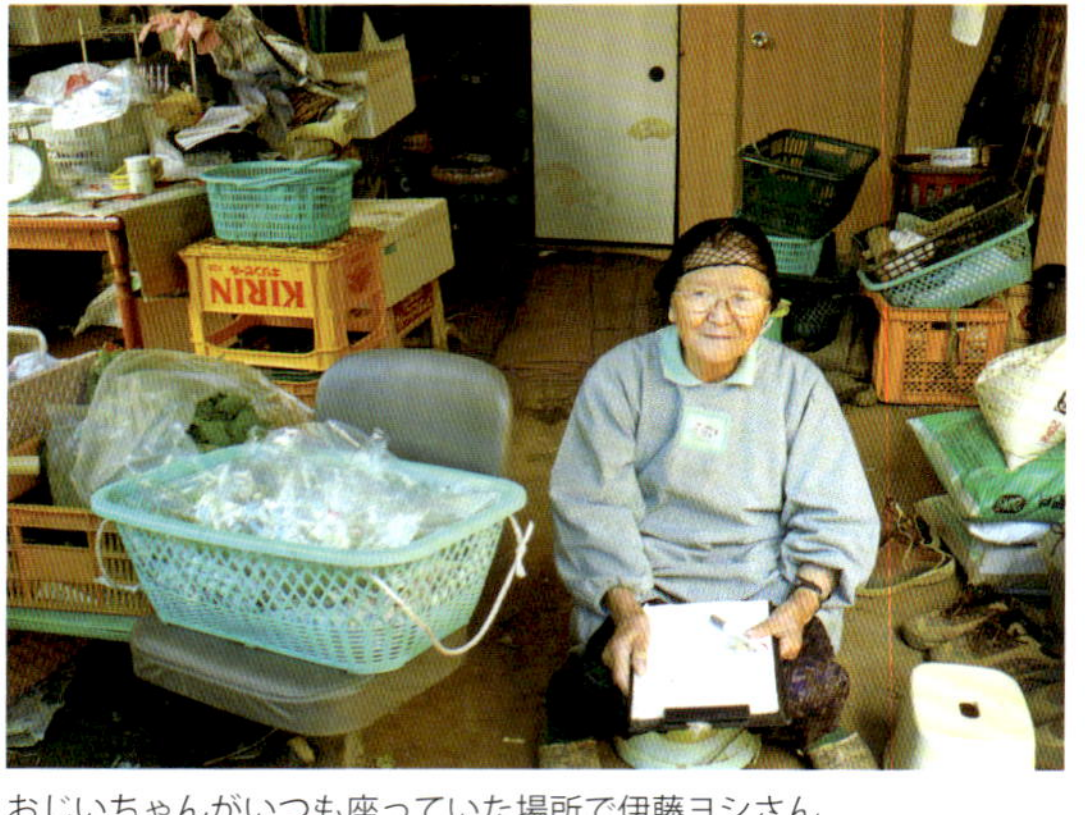

おじいちゃんがいつも座っていた場所で伊藤ヨシさん

囲いを作ったんです。そして、そこから家の庭まで、パイプを通してあるんですが、そこから、今でも水が湧き出るので、野菜を洗ったり、野菜の水遣りに使っています。

おじいさんとホタルの田んぼ

おじいちゃんが元気な頃は、清水谷戸の田んぼは、ちゃんと草を刈って、水路も補強していたんだけど、おじいちゃんが病気になってからは、放たらかしになってしまってね。昔は、水路にはドジョウがたくさんいて、堆肥をやると、ドジョウが苦しがって浮いてくるんです。一時カヤが生えて、水路も水が涸れてしまいました。おじいちゃんは、2年程前に、くも膜下で倒れて、入院生活を送っていましたが、昨年末に亡くなりました。家族全員が、回復してくれることを祈りましたがね。倒れてからは、意識が無くて、耳も聞こえないのか、目も見えないのか、話し掛けても返事もなくてね。毎日、病院に行きましたが、ただ髭をそったり手足を拭いたりするだけしかできなくて。私がほほずりしても、何も受け答えが無くてね。何を思っていたのでしょうか。おじいちゃんは、黙々と一生懸命働くだけの人でしたが、お陰で、今は、四世代が一緒に暮らしていて、私は幸せです

伊藤さんの野菜スタンド

◎――伊藤さんのおじいちゃんと、お会いできるのを楽しみにお尋ねしたのですが、亡くなったと聞き、とても残念に思いました。伊藤さんの水田は、ホトケドジョウや蛍の棲む、とても自然豊かな環境にあります。でもそれを維持するためには、おじいちゃんの並大抵でないご苦労があったのだと改めて知りました。

※本をまとめる為に、再度お訪ねした時に、最近、息子さんが農業を継いだことをお聞きました。橋を直したり、草を刈ったりして頑張っておられるそうです。おじいちゃんが、いつも座っていた場所で、ヨシさんの写真を撮りました。（06年3月取材）

32 27年間続けた消防団

鈴木俊助さん・大正11年生まれ・平尾

私の親父は、自分の将来は弁護士と決めていたんだ。でも、親父の兄貴が身体が弱かったので、親は兄貴を助けるために、畑と山と田千坪を譲って分家させたんだ。親父は弁護士になれないのでは、自分の将来は無いと世をはかなんで、世捨て人のようになってしまった。それで、私は親父に代わって15歳になるとすぐに、家長の役割をするようになった。地域の役員も全部やったけど、今思えば、それがとっても、人生経験になったと思うんだよ。

警防団、消防団、隣組、農事実行組合など、二世代近くも離れている大人と一緒に働いたから、本当にいろんなことを教わったね。消防団は27年続けたんだが、入った当時は稲城には六分団あって一分団は35人位だった。稲城のどこで火災があっても、全部の分団が我れ先きに現場に駆けつけたんだよ。火災の伝令が伝わると、まず、火の見やぐらに登って半鐘をたた

鈴木俊助さん

いた。それを聞いた団員は、仕事を中断して集まる。それから、火事現場へ手引きのポンプ車を引いて駆け付ける。今みたいに車がないので、走って行くんだ。だから着いた時は、大方火事は終わっていて、燃えた後をさらに延焼しないように、消すと言うやり方だった。

よく「火が飛ぶ」というけど、本当のことなんだ。周囲が熱せられて、ガス化して火がそこへ飛ぶんだよ。だから。延焼を防ぐのも大切な仕事だった。鎮火は、どこに水源を求めるかが、大きな鍵になった。近くに川や井戸が無い時は大変だ。坂浜の火事の時なんかは、川はあっても深くてポンプが届かなくて、本当に困ったね。

大丸の冨永さんの火災の時が、一番大変だった。分団長の研修会から帰ってきたその夜の、まさかの火事だった。極寒の時で、どうしてもエンジンが掛からない。それで近所の何軒かに、急いでお湯を沸かしてもらってぶっかけたら、漸くエンジンがかかったんだ。そして、一斉に近くの井戸にポンプを突っ込んだら、すぐに水が涸れてしまった。「火工廠」で働いていた人の「稲城寮」での話しだよ。またある時、日頃の準備で、団員が機械の点検をしていたんだ。何気なく空を見ると、細山方面から煙が上っていた。それ、と言うので駆け付けると、やはり火災で、川崎の消防団よりも早く着いた。そのお陰で川崎市から感謝状をもらったよ。

鎮火後は、どこの団が活躍したとか、しなかったとかの話しになって、部落ごとに競い合ったものだ。火事の時には、当番の2軒が、3、40人分のおむすびを作って、現場に届けることになっていた。だけど、おむすびは炊いたばかりは、熱くて握れないので、そのうちに、弁当箱にご飯を入れるようになった。しまいには人参、ごぼう、しいたけ、揚げなどの入った五目ご飯を出すようになってね。これがまたおいしくって、一つの楽しみだったんだ。今の消防団は、昔の私達から見れば楽なものだね。だって、プロが先に現場に行くんだからね。私らの時代は、プロがいなかったから、それはそれは、真剣なものだったね。

◎――自分たちの地域は、自分たちで守るという暮らし方は、今、また見直されつつあるようです。でもその中に、「楽しみ」も散りばめられていたことは素敵な事ですね。お話の最中、タヌキが1匹庭を通りました。タヌキを見守る鈴木さんの眼差しが、とても優しげでした。(06年4月取材)

33 長沼のいわれと狐の嫁入り

遠藤権重郎さん・明治42年生まれ・東長沼

ずっと昔、長沼は、青渭神社から第一小学校まで、ずっと沼だった。谷戸川と多摩川の両方から水が入って来て、でも、水量が少ないから勢いよく流れないで、結局、沼に見えたんだね。私が生まれた頃には、その名残りの小さな沼が、火の見(市役所通りと南武線踏み切りわき)の東150メートルほどのところにあっただけ。子どもの鮒釣り場で、大勢で釣りっこして、沢山釣ってくると、母さんにほめられた。甘露煮にしてくれもした。この沼は、大正15年に、南武線が通るまであったね。

昔は泳いだ長沼の用水。コイサギが止まって

今のペアリーロード、東長沼交差点のあたりに、うちの梨山の番小屋があって、爺さんと番をしながら、山崎街道の方を見ていると、爺さんが、「おい、狐の嫁取りだ」という。見ると、火が五つ、六つ、ついたり消えたりして動いていくんだ。爺さんと二人、頻

遠藤権重郎さん 稲城ホタルサミットで発表

杖をついてジーと眺めていたね。内実は、きつねが骨をくわえて走る時、その骨のりんが燃えてたってことだろうけどね。きつねは、稲城には多くて、今の大丸地区会館のそばの社の森にもきつねがいて、夜になるとギャーギャーと雌狐がないていたよ。

また、爺さんが、多摩市一ノ宮へ梨を持っていき、ざっこ（雑魚）をもらってくる時、今のサントリーのあたりが、一面の桑畑だったんだけど、なぜかそこが突然、池になっているんだ。おかしいなと思いながらも、仕方ないから、着ているものを全部脱いで、頭に結わえて池を渡ったんだ。やっと渡り終えて知り合いの家に来たら、体中傷だらけになっていた。「どうしたんだ、その格好？」と聞かれてよく見ると、「いやあ、池があってね」と言うと「池って、どこの？そんな傷だらけになるようなもんが池の中にあったのかい？」と言われてね。どうやら、桑畑の中をあちこち歩き回って、桑で引っかいたらしいんだね。もっていた雑魚が、2、3匹しか残ってなかったそうだ。そんな話も聞きましたね。

三沢川や用水を守る

「雨だれが一時間棒になって三沢川氾濫」と昔は言ってね。大体、私たちは、もと百姓なので、雨が降って様子を見て、「あ、もう1時間経つぞ、土俵を準備しなくちゃいけないな」。やがて半鐘が鳴る。そうすると対応が迅速だったね。氾濫の数は余り無かったけど、あったときは大きかったね。

私たち百姓は、全部が親族。ここまでは水が来なくても手伝いに出た。その後が大変。灌漑用水が網の目のようになっているから、水は治まるけど、用水が砂で埋まってしまうからね。向こうの人たちが、困るのを見ていられないよ。私が憶えている氾濫は、3回だね。

三沢川が氾濫するのは、矢野口や長沼で、百村は土地が高いから氾濫しないし、氾濫しても水の行き場がないんだな。今は消防署がやるだろう、市役所がやるだろうって考え。狛江で家が流されたあの時まで、私たちは水の心配をしていたの。用水には中島（今の稲城長沼駅周辺）、西部（それより西側）、東部（それより東側）から2人くらいずつ、合計6人が月の当番で出ていたね。今でも掘り総代というのがありますが、その上に用水委員っていう、灌漑用水の責任を持ってる人がいるんですよ。

昔は、三沢川の水車を利用したもので、覚えているだけで4箇所あった。じんがら（人力）が2つあって、雨が降ると、大体、米つきさ。それは大変だったから、私のところでは、青木屋さんか加藤さんに頼んでいてね。商売にしていたんだね。

田植えは、近所、総出で助けあって順番にやりましたね。1日が終わると、「明日はどこの田んぼをやろうか」と相談しましたね。

川遊びの思い出

三沢川には良く遊びに行ったものだ。魚やエビ釣りをやったものです。でも、収穫は多摩川の方が多かったから、三沢川はお遊び程度だったね。エビは糸を垂れて上手に上げないと逃げる。底の方は見えないから、糸を上げるまで釣れているかどうか分からない。そこがまた面白いんだ。

三沢川で一番怖い思いをしたことがあんの。水鉄砲を作るために三沢川の向う側の篠藪を採りに行った時のこと。こちら側の岸から、先輩達が、「あの篠を切れ、その篠を切れ」と命令するんだけど欲を出して、更に奥に入って太いのを切ろうとしたんだね。そうしたら真っ白なすごく大きな蛇と出くわしてね。私が世の中で一番苦手なのが、「蛇」と「女」なんだよ。それで「わー」と言ってきびすを返して戻ったら、今度は前からヤマカガシが来てね。そのヤマカガシに向かって、また小さな蛇がいる。蛇には通じっこ無いけど、大声で泣いてしまった。やっとのことで上がってきた時には、先輩達に、「何だ、とってこなかったのか」と言われるしね。

ところで、昔は女の人が腰巻ひとつで、水浴びするのは珍しくなかったね。用水の深いところ（だぶ）や、菅堀の新川端が水浴びの場所でしてね。お隣のお嬢さんや先輩方が、「だぶ行こうや」と言って水浴びをしていたね。そんなときは腰巻だけよ。普段から遊び友達でしたからね。昔の方が、おおらかだったんだね。

◎――遠藤さんは「お歳は幾つですか」とお聞きすると、「50だよ。だって名前が権重郎だからね」と答える、ユーモアたっぷりの方です。長沼踏み切りの傍の、タバコ屋のおじさんと言えば、分かる方も多いと思います。長沼周辺は一面の田んぼで、用水は水がきれいで、泳いで遊んだそうです。（92年10月、93年05月取材）

34 狐に化かされた？こと と有線放送

堀江弥市さん・大正6年生まれ・東長沼

私の家は、もともとは、稲城の梨農家だけど、まだ16、7歳の頃、今でいうトビ職の仕事をやった事があってね。勤め先は、日野にある有名な引き屋専門の店だった。仕事先はその時々で、立川、八王子「と変わるけど、どこへでも自転車で通ったんだよ。稲城市立病院の前の道を通ってね。今は広がってきれいになったけど、昔は幅が10尺しかないでこぼこ道で、木が両脇に覆い被さって、連光寺の峠まですごい坂道だった。帰り道は夜で真っ暗で、昔は狐に化かされると言う説があったから怖くってね。峠を越えるまでは、自転車を下りてころころ転がして行くので、狐よけに、吸えないタバコをわざと、ぷかぷか吹かしながら上ったものだ。頂上についたら、無我夢中で自転車をすっ飛ばして帰ってきた。

一度、連光寺辺りの夜道で、大きな人魂のようなものに出くわしてね。てっきり狐が出て化かしたと思ったんだけど、後で分かったけど、どうもそれは、大きな風船だったらしい。近所の人で夜道に狐に化かされて、何度も同じ道を歩かされて、家に帰り付けなかったなんて話しもあるよ。本当かどうかは定かでないけどね。

堀江弥市さん

昭和12年のシナ事変後の、昭和13年に召集があって、赤坂で教育を受けた後、すぐに上海から南京に送られた。南京陥落後だった。上海から南京まで鉄道で1日半かかったね。上海では地雷で爆破され、南京では夜襲をくった。土民の家を宿舎にしたが、白兵砲を撃ち込まれてね。怖くて怖くて仕方なかったよ。シナ人は地理をよく知っているからね。機関銃でどんどん応戦したけど、朝になってみたら、そっぽを撃っていたことが分かったね。その後も、何度も戦地に召集されて、家にいたのは長くて10ヶ月だったね。

有線放送を入れたこと

戦後、消防団の副団長や、民生委員、第二次長期計画策定委員、奉賛会の役員など、市から頼まれて、いろいろな役員をしたけれど、一番思い出すのは、農協の役員になって市内に有線を入れたことだね。普通電話が始まった頃、事業者や商売人だけが加入できて、農家は受け付けられなかったんだ。それで、代わりに農家に有線を引こうということで、農協の役員が夜遅くまで話し合ったけど、意見がまとまらなくって、大の大人が、もう喧嘩越しでやりあった。その費用をどこから出すのかが、決まらなくてね。結局、農協に加入している正会員が出資して、設備を整えることになった。当時は、稲城の約8割は農家だったから、大勢の人が加入して、やっと有線を引いたんだ。本部は農協にあって、農協の事業がある時や、いろいろな個人連絡に使ったね。一時は随分喜ばれて、交換人の女性も数人雇うほどだった。でも、そのうち農家にも、「梨の販売店」の名目で、普通電話が受け付けられるようになって、普通電話に加入する農家が増えて、有線は廃止になってしまったんだよ。その間、ほんの数年だったね。

お地蔵様

お地蔵さんのお命日

お地蔵さんは、子どもを守るとか、1軒の家で災難に遭わないようにというので、部落に一つ建てたんだね。長沼では、今の農協の三沢川のところにあるね。講友の人が、お地蔵さんの命日には、一日にぎやかにやるんだよ。お地蔵様の命日は、お地蔵さんによって違っていて、長沼は秋、矢野口は春と決めてある。集まってお神酒あげて、一杯飲んでおまいりする。そうするとお地蔵さんが、皆を守ってくれるというんだよ。

◎──堀江さんの、今も日記を欠かさないという凛とした生き方には感銘を受けました。有線が入るまでのご苦労と、入った後の喜びが偲ばれます。（06年6月取材）

35 馬頭観音や昔の鎌倉街道の賑わい

大久保太平さん・大正8年生まれ・大丸

昔、大丸一体は、全部田んぼだったんだよ。今は、草履を履いて、田植えをするけど、昔は、裸足で腰まで泥に浸かって、稲苗を1本1本手で植えたもんだ。馬のケツをひっぱたいて、代掻きもやったしね。農耕だけでなく、交通の主体もほとんどが馬力だった。馬に付ける荷車を持っている、「馬力屋さん」がいて、今で言う運送屋みたいな仕事をしていた。重い荷物を運ぶ仕事や、道路工事の砂利の運搬などの仕事を請け負っていたね。昔は、何でも人力と馬力だよ。新宿から、人糞を運んだりもしていたんだよ。だから、馬をとても大事にしていて、どの部落にも、道の角かどに馬頭観音があった。きっと、明治かちょんまげの時代からあったのではないかな。馬頭観音のいわれが書かれていないので、はっきりは分からないけれど、多分、馬のお墓じゃないかと思うんだ。昔は、自分で馬を飼っている家と、博労を頼む家があったけど、自分の家の馬が死んだ時に、骨を埋めたんじゃないかと思うんだ。または、馬を祭ったのかもしれないね。

旧街道の馬頭観音・石橋供養塔

今の川崎街道と、府中街道の分岐点近くを横切る格好で、旧鎌倉街道が通っていてね。その街道沿いに、いろいろな屋号の店が並んでいた。「まげ屋」が2軒あって、1軒は髪結いで、もう1軒は髪床だった。「ろうそく屋」と言う店もあって、旅人にろうそくを売っていた。「寿司屋」もあったが、今のような寿司ではなく、多分、塩握りくらいのもんだったと思うよ。私のうちは、屋号を、「本屋」「煎餅屋」と言って、先代は、最初は教科書を作っていたが、その後は煎餅を作っていたんだ。煎餅は、農家から米を買って、水車へ持って行って、粉に引いて丸くして、醤油を塗って焼いた塩煎餅だよ。稲城の米はおいしいと、東京でも有名だったんだ。醤油も、自家製の大麦と、大豆を混ぜて作っていたんだ。町田、鶴川、麻生の方まで卸していたよ。でも、戦争中に、「主食をつぶしているから」と機械を没収されたのでやめたんだ。鎌倉街道は、幅が狭くて通る人も商売人くらいだったよ。

◎――大丸用水で釣り糸を垂れている大久保さんにお話しを伺いました。いろいろな手作りの商いが活躍していたことが素敵です。(06年7月取材)

36 稲城で初めて開いた幼稚園

角田平さん・大正8年生まれ・矢野口

角田家は、先祖代々、矢野口の出で、私もここで生まれ育った。私が幼稚園を始めたのは、昭和37年、42歳の時だ。きっかけは、私の子どもが通っていた菅の愛児園の先生が、すぐ近所に住んでいて、「入園したい子どもが多過ぎて、断るのが大変」という話しを聞いたことなんだね。それを聞いて、1,150坪の田んぼと梨畑を持っていたので、そこを幼稚園にしようと考えたんだ。今でも有難いと思うのは、なんだかんだと言っても、父親が、「よせ」と反対せずに、「そうかよ」と許してくれたことだね。

角田平さん

いざ始めるとなると、認可のための書類集めが大変で、稲城の村役場も初めての事で、ちんぷんかんぷんで、「八王子「の出張所に行って見たら」、と言われて、それで八王子「に行ったら、今度は「本庁に行って話してみな」と言われて昔の都庁に行ったんだね。そしたら、担当の方がとてもいい人で、私が「学も歴もないけどできるでしょうか?」と言うと、「本当にやる気なら指導するし、アドバイスもするから是非やって見たら?」と言ってくれたんだ。

当時、都内に幼稚園が千くらいあったけど、農家が始めたのは私が最初で、社会の中でも幼児教育の必要性が言われ始めた頃だった。

認可が下りて開園したのが9月で、最初は19人の園児が集まった。役所や周囲の人は、「果たして本当に子どもが集まるかね?」と言っていたけど、その翌年の4月には、120人集まって4クラスになった。当時は、農家の仕事は忙しく、子どもに構っていられなかったから、「幼稚園のお陰で助かる」と言う声を良く聞いたものだね。親は畑作業で忙しかったから、会合はいつも夜だった。主な話は施設のことで、何が足りない、何もない、と、少しでも子どもの環境を整えることが目的だった。ものが無く、お金もない時代だったからね。

長く幼稚園をやっていて感じることは、今の子どもは少子化で、親が何から何まで手を差し伸べて、囲うように育ててい

矢野口幼稚園

るけど、昔は、もっと子どもを、自由に放任していたと思うね。それでも、悪い子どもは一人もいなかった。皆、立派になっているのが一番嬉しい。

今年も、幼稚園の合間に、園児の為に、1，200本のサツマの苗を植えたんだ。秋には、園児が芋掘りに来るのでね。サツマは農薬は使わない、肥料も米ぬかだけで、雑草が生えても、ある程度そのままにしている。でも、不思議と他に負けない、おいしい芋ができるんだね。子どもも、それと同じで、手を掛け過ぎずに自然に育てて、自分の持っている生きる力を、伸ばしてやることが大切だと思うんだよ。

◎――園長先生は、今も元気一杯、幼稚園で働いています。聞き書きに、奥様のイトさんも加わってくださいましたが、今の幼稚園は、お二人が力を合わせて築いたのだと実感しました。（06年8月取材）

37

梨の「稲城」と多摩川の渡し

川崎　勲さん・大正8年生まれ・押立

私は、押立の生まれだけど、もともとここは、「北多摩郡多摩村押立」だったんだ。「稲城の押立」になったのは、戦後のことなんだよ。

小学校の高等科を出てから、府中の府立農蚕学校に入学して、農業や養蚕などを3年間勉強したんだよ。それから、昭和15年に兵隊を出て戦争に行って、昭和18年に帰って来て、昭和20年の終戦後、分家して梨を作り始めたんだ。本家は明治時代から、梨を作っていたというがね。

なぜ、稲城でこんなに梨が広まったかと言うと、大正12年の関東大震災の時に、都内で梨が飛ぶように売れて市場で値が出たんだね。それで梨くらいいいものはないということになって、梨農家が増えたんだ。

梨を始めた頃は、「長十郎」と「二十世紀」を作っていた。「長十郎」は川崎大師に碑が立っているくらいだから川崎が発祥地らしいが、稲城では、川島琢象さんの先祖さんが、初めて京都の方から一人前の梨を運んで来たのが、発祥と言われているんだ。「長十郎」、「二十世紀」の次は、「幸水」を長いこと作って、今は、「稲城」を作っているよ。「稲城」は、今は稲城市の特産品になっているけど、最初、「稲城」ができたのは、偶然だったと言う話があるんだ。昔、進藤益延さんが、大きくてよいからと「新高」を作っていたんだね。その売れ残りを、ごみためのために捨てたんだが、そこから偶然、未生が出たので、それを集めて10年育てたら、「稲城」ができたというわけだ。進藤さんは、私の同級生なので良く知っているが、講釈の上手な人でね。できた当時は、大きくておいしいからと、「世界一」とか「日本一」という名前を付けて自慢していたものだ。それが、「稲城」の始まりなんだ。「稲城」は、出来る時期がいいんだね。夏の盛りは、水っぽいスイカがおいしいけど、夏が終わって、スイカも食べ飽きた頃に、「稲城」が出るからね。良く売れるので、今、作っているのは、ほとんどが「稲城」で、7割は地方への宅配で、後の3割が直売だね。今年はどう言うわけか、半分くらいに虫が出てしまってね。商売として梨を作るには、どうしても消毒が必要だね。でも、すぐに消毒の効かない虫が出てきて、追いかけっこになって

多摩川の渡し（川崎さん提供）

しまうんだよ。梨農家は、本当に一年中忙しくて、ゆっくり休めるのは、年に何日しかないけど、そんな時は、皆で集まって一杯やったりするんだよ。

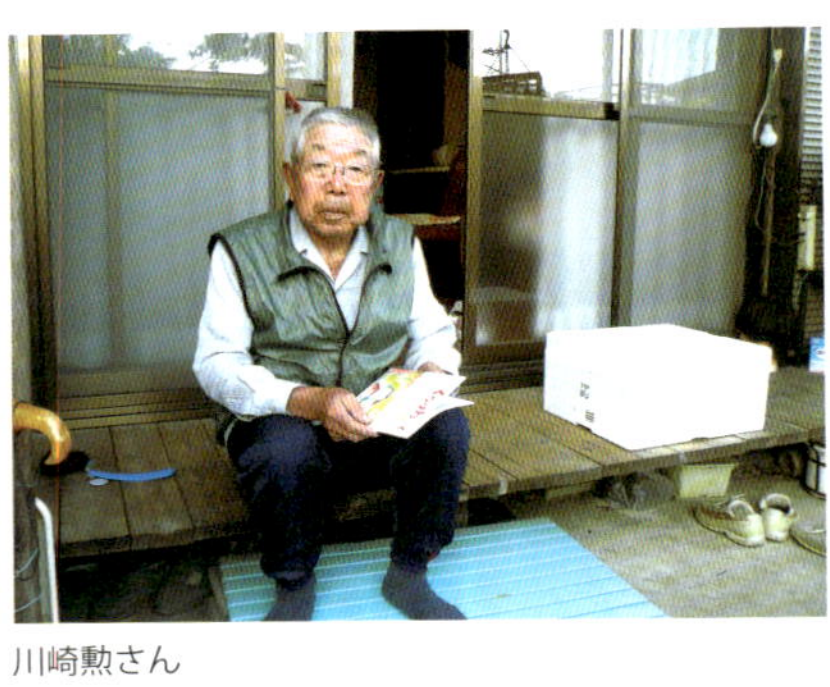
川崎勲さん

押立が経営した多摩川の渡し

稲城の渡船場は、大丸、押立、矢野口の3ヶ所だったね。

押立は、何かにつけ、多摩川を渡る必要があったので、自分たちのために渡しを経営するようになった。また、多摩川を渡る橋を作ったり、修理したり、かけたり、はずしたり、そういう事も部落の中でやっていた。

橋は木製で、水量の少ない冬にかけて、水量の多い夏には、はずして土手に置いておき、渡しを利用していた。部落の皆で米を出しあって、それで船頭さんを4人ほど雇っていたね。だから部落の人以外が利用する時には、お金を払ってもらったね。

坂浜や大丸など、随分大勢の人が利用していた。私も高等小学校を出て、府中の農蚕学校へ通っていた頃、夏は自転車で船に乗り、冬には稲城長沼から南武線で通ったよ。多摩川原橋ができたけど、そこへ行くよりは渡しを利用したほうが近かったからね。自転車ごと乗るくらい大きな船だったよ。なにしろ2艘を渡して、トラックを運ぶこともあったくらいだからね。瀬を進むときには、こちらから向こう迄ロープが張ってあって、そのロープに歯車がついていて、それを棒で手繰りながら進むんだ。でも、川に慣れた人でないと、操縦は難しかったので、主に漁師さんがやっていたね。

多摩川で洪水が起きると、奥多摩の方から大きな木材がたくさん流れて、土手に打ち上げられたり漂っていたりした。もう、川一面にマッチ棒を散らしたように、すごい数だった。それを部落の者が、必死なって土手にあげておくんだよ。すると洪水がおさまった頃に、本牧あたりの人が引き取りに来たんだ。その時に、材木を一時預かってもらった御礼の「止め賃」をもらうんだね。その木のことを「川流れ木」と言って、いいお金になったんだね。

上流の材木問屋が、木材を束ねて大きないかだに組んで、多摩川を下って川崎の方へ運ぶこともあった。何日もかかかるので、寝起きできるように布団を積んでいたね。

◎――奥多摩の林業が盛んだったころ、多摩川も水運で活躍していたのですね。川崎さんは、お話の後に、「傷物だけど食べて」と梨を沢山包んでくれました。この時期の稲城は、あちこちで軒を並べる梨農家が元気です。是非、訪ねてください。おいしい梨と、農家の方との楽しいお喋りが、稲城の名物です。（06年10月取材）

38 「長十郎」から「稲城」へ

田中榮さん・大正15年生まれ・東長沼

私は、稲城の今、住んでいるこの家が実家なんです。何故かと言うと、兄が戦死したので、私が家を継いで養子をとったんですよ。このご近所でも大勢が戦死しました。中には気の毒に、一家で2人も、戦死者が出た家もありますよ。それで当時は、養子をとる家が多かったんですね。

私の家でも、昔から梨を作っていましたね。今は、主に「稲城」と「新高」「幸水」だけど、昔は、「博多」、「祇園」、「二十世紀」、「八雲」、「早稲赤」、「長十郎」、「菊水」など、いろんな種類を作っていましたよ。そうねえ、「博多」、「祇園」は、昭和20年代までは作っていたかしらね。今でも、府中の方では、「博多」を作っていると、聞いたことがありますけどね。

田中　榮さん

稲城では、昔は、長十郎を多く作っていたけど、昭和30年代に、長い日照りが続いた年があってね。その時、長十郎の実が硬くて、まずくなってしまって、それから長十郎が売れなくなってしまったのね。雨が続くことを「かた降り」、日照りが続くことを「かた照り」と言って、そうなると梨にも影響が出てくるのよ。梨は、土用の時期に、ぐんぐん育つので、その時分の天候が大切なのね。

今は、直売がほとんどだけど、昔は市場に出してました。今の「ざるや」のとこに、梨の集配所があってね。この辺りで、毎朝とった梨を集めて、トラックで、青梅、福生、神田、淀橋、箱根ヶ崎など、あちこちへ毎日運んでましたね。今はこの辺りも宅地が増えて、梨畑が減ってしまったけど、昔は、一帯が梨畑で、梨の出荷がすごく多くて、その時期は、1年で一番忙しく賑わっていましたよ。

昔は、いろんな種類を植えていたので、風や虫が、自然に交配してくれたけど、今は単作だから、花粉付けをしなくては、実が付かないのね。梨は、同じ種類同士では、実が付きにくいんですよ。「稲城」と「新高」は、一番早い時期に咲くので、交配する梨がないので、前の年の違う種類の梨の花粉を取って、冷凍しておくんです。そして、それを解凍して、花粉付けに使うんですね。花粉付けは、四月の終わり頃だけど、気温と花粉との兼ね合いで、一日を争う仕事だから、家中総出の仕事で大忙しです。それから最近は、虫や日焼けから守る為に、梨ひとつひとつに、袋掛けをするようになって、それがとても大変な作業なんですね。でも、葉の陰に隠れていて、袋を掛け残した、「日残し」の梨は、直接、日光浴をしているからすごくおいしいんですよ。

テレビの撮影にも使われた田中さんのお宅

うちはおじいさんの代に梨とあわせて材木商を営んでいました。奥多摩の材木を買い付けて筏で多摩川を下って下流に運んだのです。川崎の方から歩いて戻る筏乗りが、長十郎を持ってきたのが、この辺りの長十郎の始まりと聞きました。

◎――私も、毎年、花粉付けのお手伝いをします。農家の人にとって、梨は手を掛けて大事に育てた、自分の子どものようなものなのですね。とても素敵な土間で、お話しをお聞きしました。（06年1月取材）

田中さん宅に残る臼と木挽き用のこぎり

39 井戸のある暮らし

原嶋弘さん・昭和12生まれ・矢野口立

我が家には、百年以上前から、井戸があるが、昔は、用水や井戸は暮しに欠かせないものだった。井戸水の温度はいつも一定で、冬は暖かく、夏は冷たいので、飲み水だけでなく、洗濯に、風呂に、冷蔵庫代わりに、とても重宝したよ。千円のお茶を買うよりも、８００円のお茶を買って、井戸水で入れた方がおいしいんだよ。昔は、この矢野口地区は、１メートルも掘れば、すぐに水が湧いて来るくらい水が豊かでね。家庭用の井戸は、12メートルくらい掘り下げると出てくる多摩川水系の地下水で、この地区では、今でも数10軒が利用しているよ。井戸水も川と同じで、西から東に向かって流れているんだ。何故、それがわかったかというと、以前、我が家からずっと離れた西の方に、プロパンガス屋があったんだが、そこがガスボンベの残りを、井戸に流して洗ってたんだね。そうしたら、そこからここまでの途中の家の井戸水が、段々と臭くなって、汚染が東に向かって広がったんだよ。それで、地下水にも、川と同じ流れがあることが、良く分かったんだ。

ぶどう畑の原嶋弘さん

また、井戸水は、農業灌漑用水や、防火用水にも利用しているよ。標高の高い山際の梨畑の井戸は、家庭用よりずっと深い井戸で、80メートル掘り下げて出てくる水なんだ。昔は、消火栓など無くて、大丸用水も冬には枯れるので、火事に備えて井戸を掘ったんだよ。

我が家では、井戸水を風呂や飲み水に使っているけど、たまに、水道の水で風呂を沸かすと、すぐに分かるんだよ。消毒臭くてね。こりゃ駄目だ、とても入れたものじゃない、とね。お茶も井戸水。おいしいよ。水はとても大切なもので、動物も植物も命のあるものは、水なしでは生きられない。もっと水全体を考えて、井戸水が飲めるようになるのが、本当は一番大切なことだと思う。ところで、このあたりの井戸を掘ったのは、高橋新一さんという人で、とてもすごい技術を持った人なんだよ。一度ど訪ねてみたらどうかな。（06年12月取材）

40 掘った井戸は百機以上

高橋新一 さん・昭和4年生まれ・矢野口立

昔は、「矢野口には嫁にやるな」と、他の部落から言われるくらい、矢野口は、農業用水で不便したんだ。何故かと言うと、大丸用水が、最下流の矢野口に来る頃には、水が減っていたからなんだ。部落同士の水争いも多かったんだよ。そこで何とかしたいと考えて、私は井戸を掘ることにしたんだ。

また、戦後、宅地が増えて、水道も無かったので、井戸が必要だった。自分が掘った井戸は、百機どころではなかったと思うよ。20年前には、梨組合で井戸を掘ることになったので、井戸掘りの器具をそっくり貸してやった。そして、近所が集まって助け合って井戸を掘った。だから、この当りの人は、皆、一人前の井戸掘り技術者なんだ。

庭の片隅にある高橋さん宅の井戸

◎――「井戸水」を通して、自然の力を肌で感じて暮らしている方々が、まだ沢山いるのですね。人に頼らずに、地域を変えてゆく、自治力も、そんな中から生まれるのだと思いました。（06年2月取材）

41

大イチョウのいわれと賽の神

上原 侃さん・大正15年生まれ・矢野口

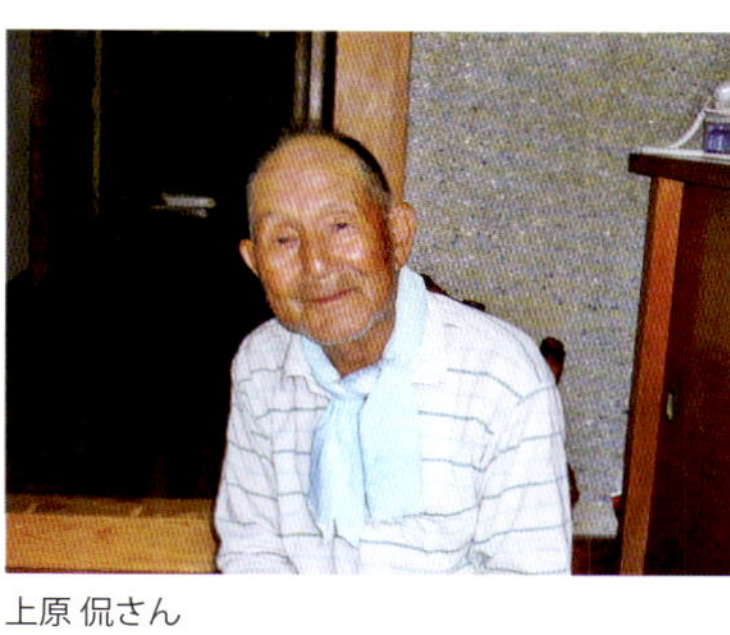
上原 侃さん

川崎街道の矢野口交番の所にある、大イチョウの木は、自分が子どもの時からあってね。今では大木だけど、その頃は、子どもの自分が丁度両手で抱えられるくらいの太さだった。お地蔵さんを供養する為に、地域の人が植えた、今でいう記念樹だよ。そのイチョウは、銀杏がなるメスの木で、枝と枝の間に乳（こぶ）が垂れてくるんだよ。乳は50センチ位まで下がる。それを切って地面に植えると、養分を吸って、また、根が出て枝が生えてくるんだよ。それで、大イチョウの乳を切ろうとする人がいたんだが、その人がたまたま不幸に遭ってね。そんなことが何度か続いたので、いつのまにか、「大イチョウを切ると『たたり』がある」と言われるようになった。また、赤痢が流行っても、「イチョウの木を切ったからだ」といわれるようになってね。そんなことは無いと思うけど、昔のことだからね。それで大イチョウを大事にしなくてはということで、御神木として祭るようになったんだよ。

賽の神とお正月のこと

昔のお正月は、山から松を切ってきて門松を作り、自分のところで作ったもち米で餅をついて、親戚が大勢集まって祝ったもんだ。餅は今みたいに1斗2斗じゃなくて、どこでも1俵半（90キログラム）ぐらいはついてね。のし餅にして、三が日はそれを食べて、その後は水餅にして3、4、5月までは食べたんだ。子どもは凧上げ、コマ廻し、戦争ごっこなどで遊んだ。子どもの遊びと言えば「賽（さい）の神」が楽しかったね。暮れから準備にとりかかってね。青年、というか言わば「餓鬼大将」たちが先頭に立って山から20センチくらいの太さの雑木や松の木を切ってきて藁や竹を材料にして賽の神を作ったんだよ。道々に木を引きずった跡がつくので、山の持ち主はそれが分かるんだけど、木を返してくれなんて言わなかった。子どもたちがすることだからと暖かく見ていたんだね。昔はお金がなくても暮らせた時代だったが、どの家も5銭10銭を気張って出してくれて、集まったお金で菓子などを買ったんだよ。賽の神の近くの家が毎年宿に決まっていて、そこへ雑煮やらお菓子やらを集めて塞の神に運ぶんだ。賽の神の中は広くて8畳くらいはあったかな。真ん中に囲炉裏を作って夜は餅などを焼いて食べて遊んだ。青年は泊り込みで小さな子どもが帰るまで面倒を見てくれた。1週間くらいそうやって遊んだ後、正月の14日に燃やして焼けた木や竹を山の持ち主に返すんだ。地主さんはそれを畑の柵にすると腐らなくて丁度良いと喜んだ。一石二鳥と言うやつだね

大銀杏と地蔵様

◎——大イチョウの伝えは、自然を大事にする昔の人の知恵なのですね。賽の神は青年の活躍する大切な行事で、暖かく見守る大人の目がまた素敵です。（07年1月取材）

42 B29の爆撃と高馬力耕運機の製作

高橋新一さん・昭和4年生まれ・矢野口

昔、戦時中には読売ランドの山の上に、軍隊の発光機があったんだ。夜間飛行をして来る米軍の戦闘機を、照らす為に設置してあったんだよ。ランドだけでなく、人家のない山の上にはあちこちにあったんだよ。

米軍の戦闘機は、相模湾から富士山上空を通って、甲州街道を抜けて東京へ行くのがルートで、相模湾上空を飛んだのをキャッチすると連絡が来るんだね。それで上空で音がして、発光機で上空を照らすと、上空1万メートルを飛んでいる戦闘機でも銀色に光るんだよ。国分寺や八王子にも発光機があって、2ヶ所で上空を照らすと高さと速度がわかるんだ。それをめがけて高射砲で打つんだけど、高射砲は別の場所にあって、甲州街道の三鷹にあったんだ。B29は高度1万メートルを飛ぶので、その為に日本で高射砲を開発したんだ。ランドの山で発光機が照らすと、離れている自分の家の方まで明るくなって、光りの先に飛行機が見えたものだ。発光機のある場所は爆撃されるので、人家から離れた山の中にあったんだよ。B29は10数機が戦隊を組んでやってくるんだよ。でもそれをキャッチできずに、来てから空襲警報がなって騒いだことも何度もあったんだ。

戦後になって農作業を効率的にする為に、耕運機や井戸を掘る機械などいろいろな機械を作ったよ。特に耕運機は、30馬力もあるものを作って、あちこちの畑を耕してあげたね。今の市役所前なんかもほとんど耕したんだ。普通のバッテリーでは30おむすび馬力の力は出ない。そこで考えたのが、軍隊が置いて行った発光機の発電機なんだ。それを地主さんから買って来て溶接機を作って、その溶接機でエンジンを作ったんだ。自分は百姓なのでいろいろな本を読んで全部独学で工夫したり考えたりしたんだ。高馬力の耕運機の評判が広がって頼まれるのであちこちの畑を耕したよ。

昔は水力発電が主力で、思う様に電気が使えなかったので、電力制限があったんだね。それで製紙工場なんかでは、電力制限の日には自分のところで発電機を据え付けて工場を動かしていたんだ。映画館でも電力制限のある日には、小さな発電機を備え付けていてそれを使ったんだ。そんな発電機を頼まれると直したり、井戸掘りの機械を作ったり、左官の人に機械を作ったりいろいろしたよ。困った人がいて頼まれればやったまでのことだよ。

◎——高橋さんは小さな町の大きな発明家です。困った時には自分で何とかしようという心意気がすごいと思いました。（07年2月取材）

43 戦争の思い出と倉のこと

石田澄さん・大正5年生まれ・東長沼

私の本当の生まれは、大正4年12月中旬なんだけど、親父が大正5年になって役所に届けを出したんだよ。大正4年生まれは、昭和10年兵になるけど、5年生まれは昭和11年兵になるから、親父はきっと僅かの違いで、1年早く軍隊に行かなくてはならないのを、不憫に思ったんだろうね。私は争い事が嫌いで、余り兵隊向きではないから、軍隊生活は、上官からびんたをバンバン飛ばされたりして、辛かったね。北満まで大砲部隊として行ったが、中国兵は強くてね。地理に詳しいから、崖の上に廻って、こちら目掛けて手榴弾を投げられたりして、とても怖かったよ。食糧がなくて、来る日も来る日も、ジャガイモを食べた。だから、自分とこで、今、ジャガイモを作っているけど、自分は余り好きではないね。時々、粟のおかゆを食べたけど、それがとてもおいしかった。中国から3年で帰ってきて、その後、火工廠に5年勤めたが、終戦の年の2月に、また召集がかかったんだ。でも、外地に行く船もなく、結局、千葉の兵学校で終戦を迎えた。軍人手帳や勲章をもらったが、全部、裏の三沢川に捨ててしまったよ。戦後、ソビエトが来て、そういうものを持っている者は、兵隊として連れて行くという噂が広まったので、もう二度と行きたくないと思ったからね。

南山の畑で石田さん

倉に泥棒が入ったこと

あちこちに残る稲城の倉

昔、自分の家には、二つも三つも倉があった。おじいさんの代に作ったんだよ。親父が、倉が二つも三つもある名の通った家から嫁さんをもらったので、こちらも倉を増やして、釣り合うようにと考えたのかもしれないね。まあ、見栄を張ったんだね。

昔は、小作の人から、米を物納してもらっていたので、その米や衣類などを、倉に入れていたよ。いまだに、小作だった人からは、「石田さんところはもみまで持って行った」なんて、冗談まじりで言われるよ。子供の頃は、悪い事をすると、弟と一緒に、倉へ閉じ込められて、「もうやりませんから勘弁してよ」と謝ったものだ。大正12年の関東大震災の時に、見る影がない程がたがたになったが、その後、直したんだよ。近くで火が出たことがあったが、倉には火が入らなかった。終戦の年、倉に衣類専門の泥棒が入った事があってね。高津の警察から、泥棒がつかまったと連絡が入ったので駆けつけてみたら、奴さん、私のやっとこさ作った背広を着ているんだよ。あとの衣類は売り払った後で、こちらの手元に帰ったのは、その背広1着だけだったね。お金より衣類が価値のある時代だったんだね。

今は、区画整理があったので、一つだけ倉を残して、中には、昔の脱穀機なんかを入れているよ。

◎——石田さんはとてもお若くお元気で、毎日畑で働いています。とれたてのブロッコリーを頂きました。(07年3月取材)

44 多摩川の桜並木

榎本實さん・昭和4年生まれ・押立

私は、押立で生まれ育ったけど、親父が坂浜の出なんだ。「榎本」は、もともと坂浜に多い苗字だからね。親父が押立の上原さんの所に10年奉公して、「長く務めてくれたから家をやるよ、使いなよ」、と言われて土地をもらったんだ。「この辺をこのくらい使いなよ」ってな具合でね。昔は土地のことでは、あんまりぎしぎししなかったからね。何しろ当時、押立には40何軒しか家がなかったんだ。だけど、その時に登記しておかなかったので、結局、戦後の農地改革の時に、お金を払って買うことになったということだ。

　稲城の押立は、もとは多摩村の一部で、多摩村は南部、本村、山谷の三つに分かれていた。子どもの時、疱瘡の予防注射の時には、川向こうに行ったことを覚えているよ。小学校も多摩村の委託授業で、稲城の第一小学校に通ったんだよ。そして多摩村が府中と稲城に分かれた時に、川からこちら側の南部だけが、稲城に組み入れられたんだ。

榎本さんの奥さん（ご本人は写真が苦手とのことで）

　今の矢野口駅の辺りから、稲田堤まで多摩川沿いに、ずっと桜並木が続いていたよ。花見の時期になると、子どもの時分には遊びに行ったけど、それもせいぜい小学校の2年くらい迄だね。小学校3年になると、子どもでも手伝いをさせられたからね。遊びに来たのは、地元の年寄りと都内の人だね。当時の印象は、随分酔っ払いが多いな、という事だね。稲田堤の桜は、多摩川のどこよりも早く、桜が植わっていたんじゃないかな。調布の多摩川ふちに料亭があって川魚を出していた。漁師も商売の人も何人もいたよ。でも、高度成長時代に入って、桜並木の横を車が通る様になって、排気ガスにやられてしまったんだね。

魚とりと船うち

　昔は、自給自足の暮らしで、魚屋も肉屋もなかったよ。だから、川魚は貴重な蛋白源だった。小学校5、6年になると、夜に川へ行って、魚めがけて大きな石を投げるんだ。そうすると魚が浮いてくるので、それが朝のおかずになったりしたものだ。主にハヤ、オコゼ、ウグイ、クチボソでコイは少なかったね。焼いたり煮たり天ぷらにして食べた。4月頃には、「瀬づき」という人工的な産卵場所を作って、産卵する魚を呼び寄せた。石を組み上げて、砂利を流して瀬をつけるんだ。砂利に水垢がついていては駄目なので、きれいに洗って入れるんだよ。その頃は、魚は婚姻色というきれいな色をしていてね。集まって来たところへ投網をかけて捕るんだよ。ハヤは鳥が頭の上を飛んだだけでも逃げるんだ。影を嫌うんだね。だから影が映らないように離れた場所から網を投げるんだ。たくさんとれると、商売の人が買っていったりね。あと、「船うち」と言って、毎年正月前には、「正月の魚をとってこべえや」と4、5人の仲間で船を借りて、船の上から網を打つ。とれた魚は天ぷら、甘露煮などに、夜中過ぎまでかかって料理した。何しろ冷蔵庫のない時代だからね。でも、それも昭和32、3年頃で終わりにした。高度成長期に入って、川や川魚がどんどん臭くなってしまったのでね。経済は発展して便利になったけど、川や用水は汚れてしまったね。

水田の用水を調節する農家の方

◎――稲城出身の奥様にも一緒にお話をお伺いしました。身近な河川にたくさんの魚がいて、それを生活の糧としていた昔の暮しに、現在にはない暮らしの豊さを感じました。榎本さんは、現在、押立に残る水田農家3軒のうちの1軒です。水田は地域の大切な文化、環境です。是非、続けて欲しいと応援しています。（07年4月取材）

45

関東大震災のことなど

大正生まれ・東長沼の方にお聞きしました

関東大震災の日は、丁度おついたちだから五目御飯を作ろうと、朝から支度していたら急にぐらぐらっと来ました。怖くって外に飛び出して、庭の桑の木につかまって、あとで竹やぶに逃げましたね。その後も余震が何度も続いて、本当に怖い思いをしました。そのうちに誰がたてたのか、朝鮮の人が来ると噂が立って、常楽寺の床に駆け込んだという話になって、竹を斜めに切って武器にして備えたんです。全く誰がそんな噂をたてたのでしょうか。

梨の袋かけのこと

学校を卒業して奉公していた時に、嫁の話がありました。何もしなくてよいといわれて来たのですが、秋になって麦がとれると「味噌柑子を作って」と言われて、作り方が分からなく、実家で教わって作ったこともあります。12月にはお正月のおもちを2俵もつきました。

主人に赤紙が来たのは、丁度、梨畑で梨のへた取りをしていた時で、「お父さんがいないとこれだけの仕事はやりきれないね、」と言いながら仕事をしていた時でした。おじいさんが、「こりゃいけない」と言いながら、赤紙を梨畑に持ってきたのですが、その時の不安な気持ちはよく憶えていますよ。今は腰が曲がってしまって梨の袋掛けはしないけど、2年前までは一日2千袋をかけました。お嫁さんが、「私にも畑できるかしら」と言うから「一時間に2百掛けると一日2千掛けられるわよ」というと、「へー」と感心した顔をします。私は、今が一番幸せですね。食べたいものを食べて贅沢して本当に有難いと思いますよ。

昔の梨もぎの風景

三沢川の氾濫

三沢川の氾濫では、何度も怖い思いをしました。雨が大ぶりすると土手が壊れるので、大ぶりの時は氾濫に備えて、ろうそくやランプを用意して、夜にランプで川を見に行きます。「ほら、水が出てきたぞ、出てきたぞ」、と言いながら。加藤精米店の所の土手では、大ぶりがすると水が溢れるので、その土手の所に厄神様を作ったんです。毎年4月24日には厄神様の祭りをしました。水が入ってくると床まで上がるので、「畳上げろ、畳上げろ」と大声をかけて畳をあげました。随分苦しめられたので、何とかして欲しいと思ってましたが、なかなか進みませんでした。でも昔、3月のお彼岸の中日に、道ぶしんというのがあって、部落中で集まって道を直すのだけど、その時土手をくずして厄神様も移動しました。厄神様は、今は青渭神社に祭ってあります。

◎――毎年、春にはカルガモの雛が生まれる三沢川ですが、一度大雨が降れば、雛は流れて姿を消してしまいます。自然の厳しさと、それを克服しようとする、人間の長い歴史を教えていただきました。（93年12月取材）

稲城市役所裏の現在の三沢川。両岸は桜並木

46

芦川才一郎さん・大正13年生まれ・大丸

南武線のことや米作りのこと

南武線は、浅野セメント（株）が、セメント原料の石灰を奥多摩で採って、川崎に運んだ路線で、名前は南武鉄道株式会社と言っていましたね。多摩川の砂利は西武線で運んでましたが、南武線でも運びましたね。トロッコに入れて、さらにトロッコを軽便（けいべん）というもので、鉄道まで引き込んで運びました。南多摩の駅の鉄橋の所まで、軽便がありました。今の南多摩駅は、現在地のすぐ西側にあって、最初は砂利を運搬するために作られた駅で、「南多摩川仮停留所」と言う名前でした。大丸駅は、今の大丸交差点の少し東側にありました。大丸駅は昭和6年に多摩聖跡口という駅名になったんです。その後、戦時中に火工廠ができたために、国が南武鉄道を買収して一般客も利用できるようにし、多摩聖蹟口停留所を現在の南多摩駅に移動させました。

田植えをする芦川才一郎さん

南武線は、車両が1台か2台の単線で、乗客が少ないので、どこで降りるかを車掌さんが知っていました。開通を祝って、大丸駅のそばでは小さい時だったけど、芝居や踊りがあり、私は本当に小さい時だったけど、うっすらと余興を見に行ったことを覚えていますね。子どもの頃は、府中のお祭りを見に行く時に南武線を利用しましたね。改札口はなくて、切符も車掌が中で売りに来るんです。何しろ沿線には人口も少なかったから、ダイヤも1時間に1本位でしたね。

南多摩駅

昔は、大丸は二毛作で、春・夏に米、秋・冬に麦を作ってましたよ。養蚕もやっていたけど、戦後の食糧難の時に、桑畑を米や麦やサツマイモにするため国が強制的に桑の木を切らせたんです。それをきっかけに養蚕はやめました。

米や麦は、戦後の供出があったので手広く作り、特に、麦は多い時には80俵作って稲城で一番でした。そのうち自分用に20俵を残して、うどんを作ったり親戚に分けたりしていましたね。今でも何かある時には、麦でうどんを作りますよ。米は地価の高い土地でも安い土地でも、同じ値段でしか売れないから、このあたりで作るのは割に合わないですね。

◎――火工廠やセメント会社など産業の変化に伴い、南武線と稲城が変貌を遂げてきた様子が分かります。今年は、南武線開通80周年、稲城の3駅も建て替えられます。それぞれの駅の特徴が失われ、同じ構えになるのが残念です。（07年6月取材）※南武線駅の話は他の方の話も参考にしました。

47

「ホタル籠」と「マモリ報知器」

大塚鉄之助さん・大正11年生まれ・東長沼

大塚鉄之助さん

私は坂浜の出身です。戦前は東芝の機械製作所に勤めていましたが、戦後は自分で何かやりたいと、そこで覚えた仕事を生かして小さな工場を立ち上げたんです。大塚製作所と名づけて機械プレスの型などを作る仕事をしていました。何か独自のものを作りたいと考えていたんですが、当時は、米軍の缶詰の配給があったので、それを利用して製品を作ることを考えました。昔の坂浜には自転車に乗って暗い所を走ると、顔にぶつかって来るくらいホタルがたくさんいたんです。そこであちこちから、「かや」を集めて、缶詰の両脇を切って、「かや」を切って張ってホタル籠を作ったんです。ホタルを入れるところを少し空けて、そこは蓋ができるようにして、籠を上からつるして下げるように工夫したら、それが結構売れたんですね。家の中でもホタルが楽しめると評判でした。

それからしばらくして、「マモリ報知器」を作りました。戦後の食糧難の時代には、各地で盗難が横行していたんです。特に土蔵破りがはやっていましたね。食糧は生きていく上で一番大事なものですからね。そこで盗難よけのベルを作ることを思い付いたんです。

夜、倉や梨畑の周囲に糸を張り巡らして、それに侵入者がかかったら、家の中に置いてあるベルが鳴る仕組みです。ぜんまい仕掛けで、約2分りんりんと鳴り続ける。自転車のベルを利用したらどうかと、父親が提案したので応用しました。材料は自分で鉄板を買って来て加工しました。ベルの部分は縦15センチ、横10センチくらいの四角い箱です。畑に犬が入って糸に引っかかってベルが鳴ってはいけないので、糸は腰の高さに張るようにしてもらいました。特許をとって調布警察から推薦をもらい、立川や青梅まで売り歩きました。一個950円で売りましたが、当時は5千円で1ヶ月は食べて行ける時代だったから、当時としては相当な値段だったかもしれません。ベルは飛ぶように売れて新聞にも載りました。

マモリ報知器

自分の家でも、工場の裏に掛けておいたらベルが鳴って、難を逃れたことがあります。今でも、もしかしたら使っている人がいるかもしれない。想い出の品です。昭和30年代には、暮らしは豊かになり、土蔵破りが横行することはなくなりました。

※ご本人保存の昭和24年11月17日、毎日新聞コラム記事「ケーブルカー」をご紹介します。「南郡稲城村大丸俳誌『多摩川』同人大塚鉄之助氏は附近に土蔵破りや窃盗団が横行するのに業をにやし苦心して自動盗難予防ベルを考案したが去る13日夜同村矢ノ口富岡伊三郎さん方に賊が入りもみ2俵をリヤカーに積んでいるうちにしかけてあったベルが鳴り出したので賊はあわてて逃走した。国警防犯協会連合会から電池式に比べて構造も操作も簡単で効果的だと推薦状が出たので商品化し、1個7，8百円ぐらいで希望者に分けることになったが1個で家から庭の果物まで守ることができるのがミソだといっている。」

◎――お話をお聞きし、食糧を奪い合うような悲しい時代が二度と来ないようにと心から願いました。（07年7月取材）

48

農村歌舞伎の想い出

芦川タツさん・大正5年生まれ・大丸

芦川タツさん

私は、稲城の平尾の生まれです。平尾の実家の父は、読書好きな物知りの人で、子どもの頃は宝蔵院で学びました。私は、立志尋常高等小学校で勉強したんですが、父親ゆずりで歴史ものが好きで、今でも毎日新聞を読むのが日課です。そして気になる記事はとっておきます。つい先日も、座間の芝居一座の記事を切りぬきました。

昔、秋には豊作を祝ってお芝居があったんです。それだけでなく、昭和3年に柿生への道路が開通した時、杉山神社が建てられた時、天満宮ができた時にも、神社の境内で芝居をやりました。地域のおもだった人が、お金を出して相模の方の役者を頼むんです。役者一座は、農家の人が結成してやっていた「農村歌舞伎」だから、演題はそう多くはなく大体決まったもので、「先代萩」や「坪坂霊験記」や「俊徳丸」などが多く上演されましたね。

「馬方三吉」というお話の時には、子どもが立派に演じるんですよ。私は父親似で歴史ものが好きでした。「俊徳丸」と言う話は、子ども心にもとても感激しました。義母が継子の顔を傷つけたりするのだけど、それは子どもを守る為だったというお話で、大変納得させられましたね。これらは部落が呼ぶので木戸銭無しでしたが、木戸銭を払って見る芝居小屋は柿生にありました。

芝居一座は、「旅役者」と言って、旅で回りながら、あちこちで興行するんですよ。だから例えば、股旅物を柿生で一晩やると、翌日は次の部落へ行くというやり方で、続き物なので完結しなかったけど、それはそれで満足してました。「曽我兄弟」も芝居小屋で見ました。

役者さんはとてもきれいでしたよ。「先代萩」の正岡役の「よし子さん」は、一座の花形でしたね。平尾の次は大丸もと、部落同士で競うように、芝居一座を呼びました。

平尾は、昔は川崎で稲城の中でも離れた部落だったので、人間的におっとりしていました。嫁に行くときに、親戚のおばさんが老婆心から、「多摩川べりの人は漁をしているせいか気が荒いということだよ」と言ってましたが、今ではすっかり、こちらに馴染んで暮らしています。

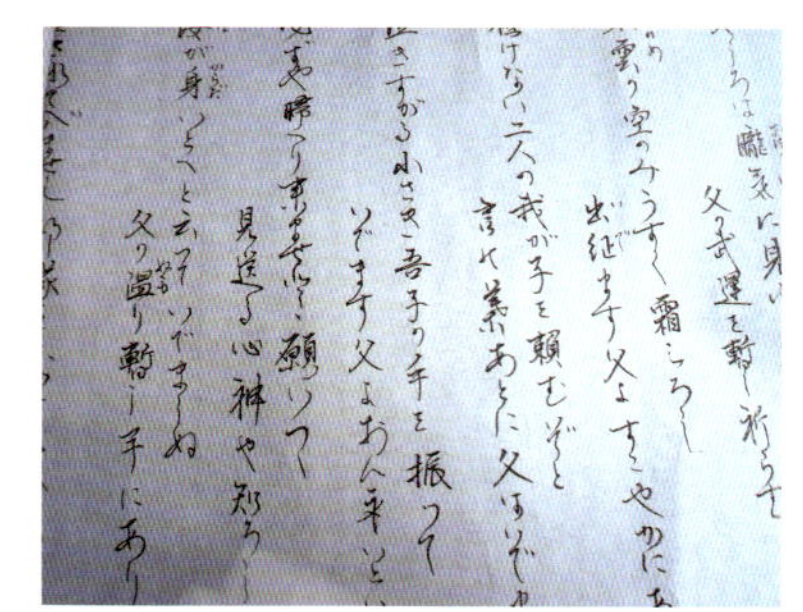
芦川タツさんの短歌の覚え書き

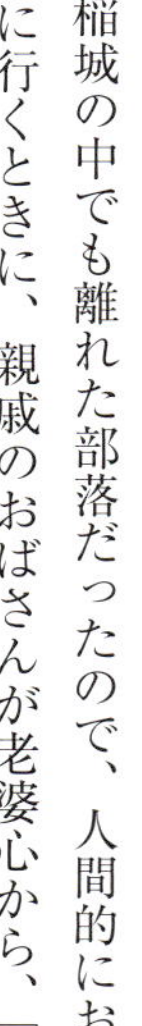

戦争と夫との思い出

24歳で大丸に嫁に来て、夫と一緒に暮らしたのはわずか2、3年でした。2人目の子どもが生まれて2ヶ月もたたないときに、夫は出征しました。昭和18年12月299日に召集令状が来て、昭19年1月3日に鎮守様の境内で、出征兵士を送る会を有志の方々が開いてくれて、1月5日に家を出ました。私は、鎮守様のお砂がお守りになると聞いて、夜中の暗闇の中、墓地と塔婆ばかりの境内で砂を集めました。

出生の時に、2ヶ月にも満たないわが子を夫が抱いたとき、笑うはずのない幼子がニコッと笑ったので、夫は、「出征するのが分かるのだろうか」といいました。その年の4月12日に、夫は一旦外泊で家に帰り、田んぼでしばらく二人きりで話しました。翌日は帰る夫を駅まで見送りました。私が「このまま電車が来なければいいのにね」と言うと、夫は「それじゃ俺が帰れないよ」と言いました。そして近く、南方の方へ行くと言いました。

その後、夫からは時々手紙が届いていましたが、しばらくすると手紙が途絶え、日夜不安を募らせていると一通の便りが来ました。それには○○方面へ出発とありホッとしました。しかしそれ以後、便りは途絶えてしまいました。そんな中、作った短歌です。

・泣きすがる小さき吾子の手を振って　出でます父よ御身いといて
・汝が身体いとえと言いていでましぬ　父の温もり暫し手にあり
・いとけない二人の我が子を頼むぞと　言の葉あとに父はいでます
・必ずや帰り来ませと願いつつ見送る心神や知らしめ

終戦後も、何も連絡がなく、何とか無事でいて欲しいと願っていましたが、23年に戦死報告書が来ました。

その前に夫の夢を見たのです。真っ黒に日焼けした顔で、ニコニコして手を振っているので近づくと、夫は、「もう少しで上陸というところで船が沈んだ」と言って消えてしまいました。夢から覚めた時の、切なさといったらありませんでした。戦後、随分調べましたが、夫がどのようにして亡くなったのか分からなく、大分たって、千葉で戦艦の航海記録を調べることができました。そこで分かったのは、夢で見たように、夫の乗った船がもう少しで上陸というところで、撃沈されたことでした。一時帰宅からわずか2ヶ月後のことでした。

私は残された子ども2人を、女手一つで育てました。家事や畑仕事に追われて、学校の行事に出るのもままならない時代でした。そんな時、畑仕事の合間に、ポケットの紙に思い浮かんだ句を書きとめました。父親が平尾で発句会を主催していたので、その影響か自然と歌を作るようになったんです。辛い時にそうやって、自分の心を慰めました。また、花が好きだったので、花を育てて随分心が慰められました。心に悲しみがある時は歌が浮かぶけど、最近は呑気なので、かえって歌が出ないんですよ。

◎——亡くなったご主人と幼い子ども達の話をお聞きし、一緒に泣きました。芦川さんは記憶を風化させないように、達筆な筆文字で正確に記録を残しておいでででした。（07年8月取材）

49 牛とともに小田良で暮らす

大塚利一さん・昭和14年生まれ・坂浜

大塚牧場の始まり

我が家の酪農はお爺さんの茂が多摩市の酪農家から牛1頭を買って始めました。昭和13年の事でした。当時は多摩市にも酪農家は何軒もありませんでした。父は酪農が嫌いで養蚕だけをやっていましたが、私がまた酪農を復活させ今は息子の健一が継いでいます。稲城で一番古い牧場は岩瀬牧場と言われています。昭和の始めの頃、牛の乳を搾って販売していたそうです。また小田良部落では井上さんのお爺さんがうちとほぼ一緒の頃に酪農を始めました。昔は養蚕が盛んだったので、養蚕に差し支えない程度に酪農を制限していたので、牛の数は2．3頭程度でした。牛1頭だと20リットルぐらいの乳が搾れました。今とは餌も違って草だったし、管理も違うから少量でした。最初は販売が難しくて、調布にあった工場に持って行きました。持って行くための設備がなくて、手車で持って行きました。手車を引く牛は仲間で出し合って買ったのです。次はリヤカーで運ぶようになり、南武線を使って送ったこともありました。

昭和25年以降になると次第にまとまったお金を得るために牛を増やし、酪農家も増えていきました。国が酪農や畜産を推奨し始める前の事でした。

大塚利一さんご夫婦

酪農に大事なのは餌と糞尿の始末で、それらは牛の健康や命を左右するものです。放牧で食べる牧草だけでは餌は十分とは言えません。そこで夏の間にトウモロコシを栽培して8月に裁断してサイロに備蓄しておきます。それに牧草を混ぜて、さらに、ビールかす、サツマイモの蔓や屑、稲藁などを混ぜて飼料にします。そういった酪農をカス酪農とよぶことがあります。多摩や町田、相模原まで行ってサツマイモの屑を運んできたものです。一頭一頭に健康状態を考えた餌を作って桶に入れて与えました。カス酪農をやっていたのが昭和40年代で、その頃が一番利益があったように思います。

しかしその後、栄養や衛生の問題でカス酪農ができなくなってしまいました。また頭数が増えると、配合飼料を使うようになり、餌も「しそう」で与えるようになりました。

30頭くらいのお乳を、1日3回絞っていましたが、機械がなくて手で絞っていたので労働が過重になってきました。それを改善するために搾乳を機械化して何とか解決しました。その次には環境問題が出て来ました。牛の糞尿の垂れ流しが問題となって、法律で規制されるようになりました。この問題の解決は難しかったのですが、糞尿を集めて乾燥して堆肥として販売迄持って行くことで解決しました。糞尿をベルトに載せてトラック迄運び、ビニールハウスに入れて下にはおがくずを敷いて水分を吸収させて、モーターで攪拌して天日にあてて乾燥し、3か月くらいおくといい堆肥ができるのです。できた堆肥は臭いもなく、バイオマスとしてとても人気があり、ファミリー農園や黒川の農場に利用してもらっています。

餌や搾乳、糞処理を変える度に設備を新しくする必要があって、設備投資は大きな負担となりました。新たな機械設備の導入ができなくてやめてしまう農家が続出しました。

また酪農家が増えて出荷量が増えると、生産調整が入るようになり、そのために酪農家数は減少し始めました。狂牛病が大きな問題となってからは保健所の検査は厳しくなり、乳のサンプル検査は毎日、1頭ごとの乳の品質検査は月一回義務付けられています。

平成9年には坂浜も市街化区域となりました。ハエや臭いで地区の住民との摩擦が起きないようにするのも大きな課題となっています。このような背景の中、最盛期には37軒あった稲城の酪農家も今では我家1軒になってしまいました。現在は区画整理もあって減っていますが、30頭を飼育しています。

牛の一生に寄り添う

大塚牧場では大塚牧場で生まれた牛を大きくなるまで育てています。

雌牛は生後15か月くらいで受精することができる体になります。発情期はバラバラです。大体様子で分かりますので受精は息子が人工授精してやります。それから出産までは約2年かかります。出産数は大体1頭で、時に2頭の場合もあります。出産するとお乳が出ますが、10か月くらいでお乳をやめて、次の出産をする準備に入ります。仔は3回くらいとりあげます。

出産も家族が手伝います。ホルスタインは改良されていて生まれる仔は体が大きいので、初めて出産する雌は早産する危険性があります。そこで早産を防ぐために、一度目は和牛の種を付けます。和牛はホルスタインよりも体が小さいので、生まれる子供も小さくなります。小さく産んでお産を楽にしてやるのです。和牛とホルスタインの合いの子（F1）は肉牛としては和牛の半値になるという欠点がありますが、お産を無時に済ませるためにそうしています。母親は出産後乳が出て、2週間で販売できるようになります。その為、仔牛は粉乳を与えて育てます。

たくさんの牛の出産に立ち会ってきた私ですが、自分の子どもとなると全く別なんです。立ち会ったこともないし、平静でいられる自信がありませんね。

区画整理への夢―農業公園の実現

今、小田良区画整理組合の理事長をやっています。若い頃、高橋一郎さんのお父さんと一緒に「農のあるまちづくり」を夢見て、いろいろと語り合いました。でも一郎さんのお父さんは若くして亡くなってしまって、一緒に夢を実現することはできませんでした。親父も農あるまちづくりへの願いがあったようです。

そういう思いを行政に伝え、地区の仲間と市のバスを借りて各地のまちづくりの事例を見学に行きました。東京都が鶴川街道と多摩ニュータウンに挟まれた坂浜西地区で区画整理事業をやる計画が上がった時に、鶴川街道の南側も入れて欲しいと地区で要望しました。

東京都の計画は財政危機で中止されましたが、その後上平尾と小田良で組合型の区画整理事業を行うことになりました。願いはやはり農業公園です。新百合が丘やよみうりランドに来たお客さんが、小田良の静かな農地や牧場で動物と触れ合ったり、野菜の収穫をしたり、農業を体験できるような場所にしたいと思います。隣接したふれあいの森にはホタルやオオタカもいるので都会にはない豊かな自然にも接することができます。

しかし、課題はたくさんあります。高齢化で農業をやめる農家が多く、農家自身の力がどれくらい出せるのか。また、理想ばかりでは物事は実現しません。農業で利益を生み出すことが後継者の確保につながります。果たしてどうしたら、利益を生む農業ができるのか、難しい所です。今、計画では事業資金の確保のために300戸の戸建て住宅を作る予定です。稲城市は財政規模も小さくて、組合施行の区画整理事業にはなかなか予算が回せません。だが、小田良の農家はこの土地の農業を残したいと頑張っています。

体験農園や牧場や公園や三沢川や学校園などをつないだ農業公園はできるのではないかと思っています。大塚牧場としては、絞った牛乳でチーズやアイスクリームを提供したり、今牧場にいるうさぎやシカや牛との触れ合いの場を提供したり、ブルーベリーの摘み取りも考えています。私が一番嬉しいことは、お客さんに喜んでもらえることです。

農家誰でもが同じ思いだと思います。小田良の牛たちと一緒にこの気持ちを大切に今後もこの地域で暮らしていきたいと思います。

◎――大塚さんの牧場が今後発展し夢が実現するように私達も協力したい。何ができるか皆で考えましょう。

50 竹で作ったざる

高野勇さん・昭和3年生まれ・坂浜

高野勇さん

昔は、農作業の合間に、篠竹でざるや籠を作って、自分の家で使ったり、売ったりしたものだ。今のように、ビニールなんて便利なものが無い時代だったからね。いろいろなものを山の材料で作ったよ。おじいさんの時代から作っていて、おじいさんやおばあさんは、この仕事にかかりっきりだったね。

ざるの材料の篠竹は、秋に山に入って採って来るんだよ。でも、時期が早すぎても駄目なんだ。早くても8月の土用の丑の日過ぎでないと、弱くて腐りやすいんだよ。しかも、その年生まれの新子でなくては駄目でね。古いのは硬すぎて曲がらないんだ。新子は篠の回りに皮をかぶっているので区別できるんだよ。篠竹は毎年新しい物を使うので、同じ所で刈らないといけない。リヤカーで篠竹を運ぶのは重たくてね。採って来た篠竹は、青いうちに、「めかえ包丁」を使って縦に割いてから使うんだ。めかえ包丁でなくても、竹割り包丁やなたでも構わないけどね。商売屋さんは、しなびても構わないらしい。乾いたら水につけて仕事をするからね。だけど、青いうちの方がやりやすいんだよ。篠竹は穴が小さいから、割るのに苦労するんだ。その作業の間は、家の中が竹のくずで散らかって仕方ないんだよ。汚れるし、暇はかかるしね。おばあさんも作っていたけど、目を悪くしてもう作らなくなったね。この辺の農家は、皆作ってたね。前には関戸にざるの卸し問屋があって、60個を一まとめにして卸していたよ。秋のお祭りの時には、露天商がざるを売っていた。

昔は、押立ではイチゴをざるに入れて売ってたね。でも、もうざる作りは20年くらいやってない。息子たちもやらないね。面倒だし、使ってくれる人もいないしね。便利なビニール製品が出てきてしまったからね。

◎――高野さんは、稲城に残った、最後の篠竹でざるを作る方です。我が家では、今でも昔、購入した高野さんのざるを使っていますが、とても重宝しています。一方昔は、篠竹ではなく孟宗竹で梨籠も作っていたそうです。梨は、今ではビニール袋に入れて売られていますが、2、30年前までは、地元の山から切り出した、孟宗竹や和竹で作った籠に入れて売ったそうです。「捨て籠」と呼ばれた簡単な作りのもので、これも自然の恵みを利用した、環境に優しいグッズですね。山を利用することが、山を残すことにつながるのではないでしょうか。方々にあたったのですが、残念ながら実物を保存している農家はありませんでした。もし、実物をお持ちの方、また、造り方をご存知の方はご一報ください。(07年11月取材)

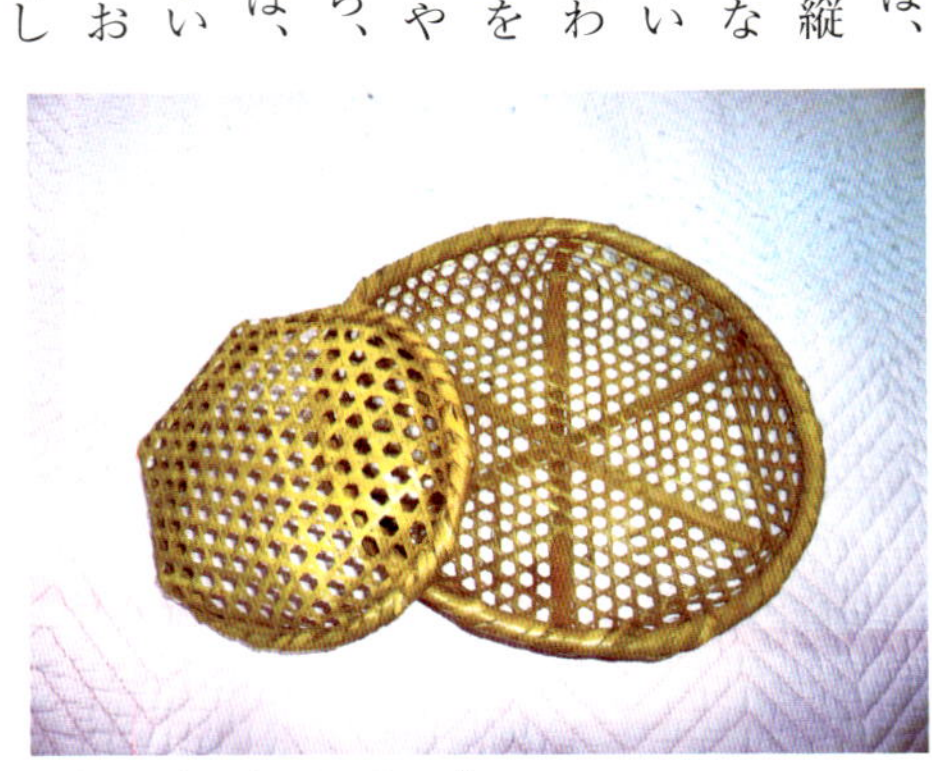
筆者使用中の高野さん作のざる

51 鶴川街道のにぎわいと自治会館

須黒さん・大正11年生まれ・矢野口

昔、鶴川街道沿い一帯は、「宿」という地名で、稲城の中では一番栄えていたよ。街道の周囲に、ずっと家が立ち並んでいたんだ。

鶴川街道は、古着屋、煎餅屋、油屋、紙すき屋、綿屋(原田商店)、おけ屋、駄菓子屋、自転車屋、豆腐屋、米屋、そして板屋さんで、大きな木を人に頼んで板にした。木挽き職人さんが、製材していたのでしょう。そして近所に麹屋さんもあった。麹屋さんは、味噌や醤油を作るための菌を持っていて、麹室があったんだ。温度を一定にする為のものだね。家で味噌を作る時に、そこへ買いに行ったんだ。

須黒さん

今は、尾根幹線が開通して、南武線が高架になって、多摩川原を渡る橋が増えて随分変ったね。南武線は最初は単線で、交換する場所が必要で、稲城長沼が交換場所だった。それと登戸、稲田堤もね。南武線で思い出すのは、軍隊に行く時に南武線で送ってもらったことだね。近所の人も来てくれて千人針を送ってくれた。子どもが楽団を組んで送ってくれたんだ。昭和18年、22歳くらいの時だったね。

自治会館のこと

矢野口の自治会館は、戦後、矢野口の入会地を売却して建てたんですよ。今は、榎戸区画整理で移動しましたがね。昔は、入会地は、一村共有地と言って昔から神社に付随していたのでしょうか、その地域のものだったんだね。矢野口の入会地は、およそ6反（千8百坪）で、小澤城址の下にあったが、読売ランドが買ったんだ。山は買い手がなかったので、読売ランドに、当時、よい値段で売れた。

昔は、燃料にまきを利用していたので、山を持っていない人は、地主さんからまきを買ったり、入会地の木を切って使ったね。入会地の使い方は、木を切った人が、いくらかお金を払う仕組みだった。その収益は、地域の自治会に入った。面積で売り買いし、1畝30坪で、1反切ったから幾らぐらい払うというようにね。1回木を切ると、10年経たないと成長しない。その下の神社の境内は、シノが出てくるので、年1回、地域で手入れしたね。矢野口は根方、中部、宿三谷、塚戸、中島に分かれていたので、どこどことが、どこどこを手入れするという風に、場所で区切ってね。

矢野口、百村、そのほか稲城各域が、区になっていて、今では笑われるかもしれないけど、それぞれ「区長」がいたんだよ。矢野口でも、「区長」がいたんだよ。それが、昭和何年かに自治会になって、市の仕事もするようになった。昔は、地域毎に、衛生や道路の補修などもやったんだよ。私も、90の山坂を越えているので、記憶違いがあったらごめんなさいね。

◎――須黒さんのお話しを聞いて、鶴川街道の賑わいが目に見えるようでした。地域を自分たちで守る昔の暮らしは、今、また見直す必要があるのではないでしょうか。衛生面の活動では、「そろそろ畳干しの季節です」と各家に声かけもしたそうです。（07年12月取材）

現在の矢野口自治会館

52

当たり前にいたサンショウウオ

福島三利さん・昭和10年生まれ・百村

昔、京王稲城駅ができる以前は、三沢川のすぐ際まで、山が迫っていました。山は「亀山（きざん）」といって、今の京王線から見える山と、ほぼ同じ標高の大きな高い山でした。でも、東京オリンピックの頃に、どんどん山を削って山砂を取り始め、平坦になってしまいました。

当時の三沢川は、今よりもっと水がきれいで、両岸は自然の土で篠竹が生えていて、深い所は小学生の自分の胸の辺りまで水かさがありました。

畑で働く福島さん

夏の暑い時や夏休みには、毎日、川で遊びました。ふんどしやパンツ1枚でね。川の中には、エビからカニから、ウナギ、ナマズ、ゲバチなど魚は何でもいましたね。カニはモクタンガニというとても大きなカニで、ゲバチは黄色い色をしたちょっと小型のなまずです。ウナギやナマズは採って食べたりもしました。

夕方、川に行ってミミズを針につけて流しておくと、朝にはかかっているのです。それを焼いて食べました。サンショウウオも、川の篠竹の根のあたり（「あごご」と言っていました）に隠れているのが、水の上から見えました。ごく当たり前にいましたよ。特に、山と川の間に湿地や田んぼがあった所は多かったですね。でも、牛を商売で飼う人が増え、糞を三沢川に流したので、あっという間に川が汚れ、魚はいなくなり、遊ぶこともできなくなりました。あんなにたくさんいたサンショウウオも、すっかり見なくなってしまいました。

台風で崩れた亀山の崖も、子ども達の格好の遊び場で、崖の土は砂地なので簡単に掘れ、頂上まで登れる足場を作り、頂上まで上って遊びました。調布あたりの子どもまで、時には遊びに来ましたよ。

産卵で川へおりたサンショウウオ

◎――トウキョウサンショウウオは、幼生時代を水の中で暮らし、大人になると雑木林に帰る、カエルやイモリと同じ両生類の仲間です。昔は、稲城にたくさんいたと思われますが、今は市内の湧水にかろうじて生息している状態です。しかし、その生息場所さえも、差し迫った丘陵地開発で危うい状況にあり、現在、その保全対策が検討されています。可愛らしいあの姿が、地域から消えないよう、何とか共存の道を見つけて欲しいと思います。（08年1月取材）

53

稲城の消防団と出初め式

田中甚太郎さん・昭和2年生まれ・東長沼

戦前は、消防団の名前は「消防組」でしたが、戦争で空襲が心配される頃に、「警防団」に改正されました。警防団では、調布の飛行場へ無料勤労奉仕もしていました。戦後、法律が改正され「消防団」になりました。昔は、自分の地域は自分で守るという事が徹底していて、家の跡継ぎは、義務的に消防団員になるという気風があったんです。わたしも27歳の頃に、消防団に入りました。団員は、平均して4年やると2年休むやり方で、2年おきの切り替えでした。

田中甚太郎さん

消防の機材は、地域毎に地元の人の寄付で買いました。私が分団長の時に、初めて自動車の消防車を入れました。それまでは手押し車で、手引きの腕用人力ポンプだったんです。寄付を集めるために、自治会役員と一緒に、地域の家々を一軒づつ回って、国からの補助金10万円を合わせて、やっと消防車を買いました。確か、3、4百万くらいのジープのシャーシにポンプを積んだものでした。消防車を入れる小屋も、消防団員が奉仕で作りました。団員の中には、大工や左官屋などいろいろな職業の人がいましたからね。矢野口、長沼など大字ごとに分団があって、それぞれが消防機材を用意しました。

私が団員だったときは、1ヶ分団40人が定員でしたが、今は20人になりました。昔は、何でも人力だったので、人数が多く必要でしたが、今は、機械化されて来たので、その分少なくなりました。

昔は、日本中で2百万人以上の団員がいましたが、今は、百万にかけています。団員になるのは、何の資格も必要ではなく、今でも募集しています。八王子「や町田では、昔から婦人の消防団員も活躍していましたよ。音楽活動や予防活動、時には現場に駆けつけることもあるのではないでしょうか。現場では、交通整理や近所の避難誘導など、いろいろな仕事がありますからね。

稲城でも、第8分団に、確か、女性がひとりいたと思いますよ。昔は、1回の出動に40円が出て、丁度、「新生」というタバコ1箱程度のものでした。他には、何も手当てはなかったけれど、地域の為に努めなくては、という気持ちだったので不満はなかったですね。

出初め式は古くからあって、今は、多摩川でやっていますけど、昔は、一中の校庭をお借りしていました。出初め式前には、ホースを新調して備えました。式は、市内の分団が、全部合同で行い、初めは、町長の挨拶、その後、地元の議員さんなどの来賓挨拶、機械の点検、その後、放水するんです。はしごを立てて、その先に提灯をかけて地区順に整列し、三沢川の水をとって放水するので、鶴川街道を一時通行止めにして、手押しで「わっしょいわっしょい」と水を汲み上げます。

どこが一番高く水が上がるかを、地域で競い合いました。

式が終わった後は、分団毎に懇親会があり、お酒をいただきました。年1回の楽しみでしたね。
◎──田中さんは、五代続いた梨農家で、農業の傍ら、消防団で活躍してこられました。地域の消防団の皆様、有難うございます!（08年2月取材）

54
遠く福島から稲城に嫁いで
大河原芳枝さん・大正6年生まれ・東長沼

私は、福島の相馬の生まれで、地元の女学校を卒業してから、当時、板橋にあった造幣省火工廠に事務職で就職しました。そろばんをはじいていましたね。たまたまその当時、夫も稲城の加工廠に勤めていて、板橋に来る用事があったのかもしれません、見合いの話がきて、縁あって結婚しました。当時はそんなに遠くから稲城に嫁ぐ人はなく、私が初めてだったんですよ。遠く離れた稲城に嫁いだのですから、いろいろ苦労がありましたが、夫が優しい人で、また舅や姑も我が子のように大切にしてくれました。

結婚後は、舅の勤める「日通」に、一緒に勤務しましたが、ちょっと息抜きに手を休めたり、外へ出たりすると、「お給料をもらっているのだから休まずに働きなさい」と教えられました。家でも職場でも一緒で、ちょっと窮屈でしたが、今思うと、嫁である私を親身に思ってくれてのことだったと思います。

春と秋のお彼岸には、4人の子どもを連れて福島の実家に帰してくれ、て帰りました。年に2回も行かせるのはなかなか大変なことで、本当に有難いことだったと思いますね。

私が嫁に来た当時は、水田を広くやっていて、今の家の場所には砂利を敷いた大きな穴があって、少し先

ご自宅での大河原芳枝さん

の用水から水を引いて貯めて、さらにそこから水田に水を引いていました。水田は共同で田植えをしていました。でも、水上の方に段々家が建ち始め、水が汚れ始めて、採れた米がまずくなってきました。また、自分の家で食べても余り、近所や親類に分けても、「いらない」と言われるようになって、とうとう水田をやめました。

夫は、これからは農業だけで食べて行くのは難しい時代になると考え、息子は勤め人にし、家のそばに貸家を建てました。それからは、農業は主に平日は女がやり、日曜など休みの日には、男手で行うようになりました。

大河原さん宅のひときわ大きなカシの木

家の倉の後ろには、今でも大きな樫の防風林がありますが、私がこの家に来た頃は、今の半分の背丈でした。今はすごく大きくなりましたが、家の者は、農作業の合間に、この樫の木のそばで休むと、気持ちがほっと安らぐと言います。倉を守っている防風林ですが、人の気持ちも安らかにしてくれるんですね。

私の学校時代には、「方言矯正週間」があって、標準語で話すように教えられましたので、稲城では方言は使わなかったのですが、息子のお嫁さんが私と同じ福島の出身なので、懐かしく、時々方言が出ることがあるんですよ。

◎——大河原さんのお庭には一際背の高い大きな樫の木があります。どんぐりがなり、小鳥のお宿にもなっています。大河原さんの稲城での暮らしを、きっと見守り続けてくれたのだと思います。（08年3月取材）

55 坂浜の麦と製粉

金子フジエさん・昭和11生まれ・坂浜

うちは、田1反と畑を2反半程作っているけど、ほとんど家族の食べる分だけだわね。昔は、鶴川街道沿いの田んぼは、どぶっ田だったけど、ニュータウンができるときに、田の水が枯れるからということで、公団がポンプで水をくみ上げてくれて、今は、水が自由になったのね。スイッチ一つで水が出るからね。この辺は真土ではなく、「あぶのっぱら」なので助かりますよ。真土は、雨のときはどろどろで、日が照るとカチカチになってしまって、本当に耕しづらいからね。雑木林は持っていないけど、駒沢学園の雑木林のくずをはいて、堆肥をつくっているのよ。何しろ、それが畑の土づくりの基本だからね。

畑では、麦を作って農協で脱穀して粉にしたものを、坂浜の小島製粉所で麺にしてもらっていて、人が集まるときに、必ず最後に出すんだけど、この辺では、皆、そうしています。あと、お餅もついて、お正月に訪ねてくる子ども達に分けたり、何しろ、買って食べることはないのが自慢でね。

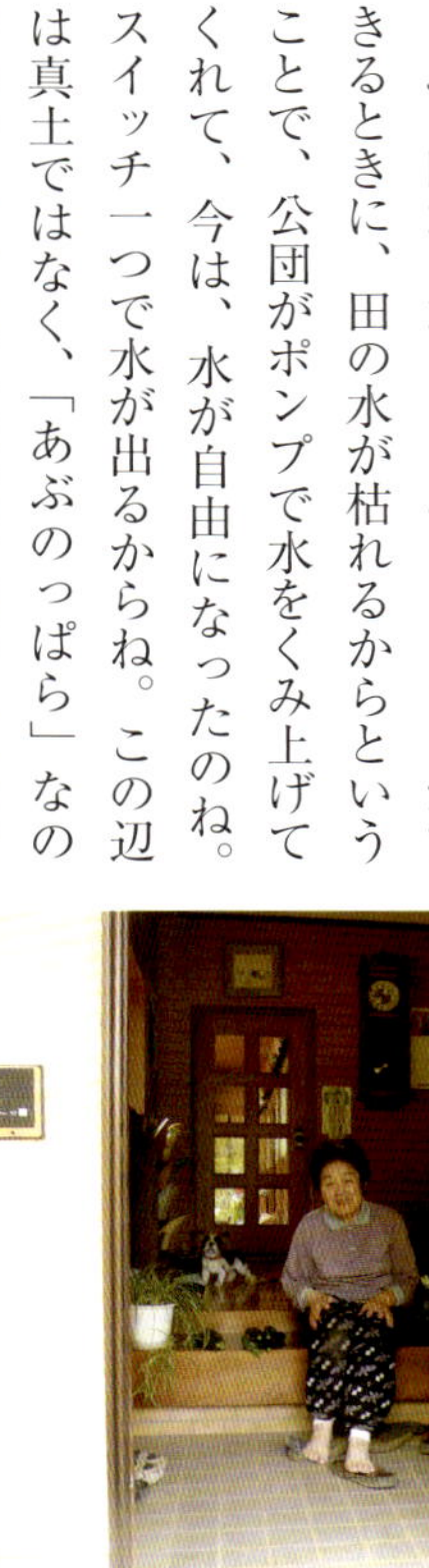

金子フジエさん

昔、嫁に来た頃は家族が多く、おじいさんおばあさんもいるし、嫁の働きは大変だったよ。今のように大きな家に住んでいたわけではなく、田づくりの家に住んでいたのね。田づくりの家というのは、田の字の形に4つの部屋が並んでいて、その小さな家に3世帯が同居していたから、いろいろな苦労があったね。

結婚式とお日待ちのこと

結婚式などは、自分の家でやっていたわね。今のように結婚式場で式を挙げるのは、私達の次の年代の人からだね。雄蝶、雌蝶という相盃に、お酒を注ぐ係りの子どもがいて、それぞれお婿さん係、お嫁さん係になっていた。仲人は嫁側、婿側で合わせて4人だったのよ。

坂浜には、昔からの行事が今も続いているのよ。それぞれの地区に、男は「お日待ち」、女は「お念仏」の集まりがあってね、当番になった家では、支度に手間がかかったけど、今ではだいぶ簡素化されて楽になったね。

「お日待ち」は、私が嫁に来た頃には、1ヶ月おきくらいにやっていたような気がするけど、今は、正、5、9といって、正月と5月と9月の3回になったのよ。その昔、榛名山、御岳山、上野神社から、ブリキの缶に入った神様の掛け軸をもってきて、今は、それを当番の家で祭って、煮しめや天ぷら、刺身などを食べて、そのときも、最後は、うどんを出すのよ。私の地域では、10数軒が順番に当番になっているけど、その行事に参加するのは、昔からの人だけでね。仏事があると、その家では当番はできないので抜かされるのよ。うどん代300円を一人ずつ集めて、当番の家の人に渡すのね。これは男だけの集まりで、一杯お酒も入ってね。

小島製麺所と小島さん

小島製麺所の製麺機

女の集まりは、お念仏で、春、秋の彼岸の入りと、明けの年4回集まって、般若心経を唱えるのだけど、出すものは、お茶にお菓子と決めたので、当番の家も楽になったのよ。ここに出るのは、一家の主婦と決まっているのね。坂浜では、こういう行事があるから、地域のつながりは固いわね。

昨日、くず掃きに山に行って来たのだけど、掃いた後に、ジュウニヒトエの株が沢山出ていて、今ではなかなか見られない貴重なもので、こういうものは、ずっと大事にしたいと思う。昔は、キンラン、ギンランが沢山あったけど、盗掘されてなくなってしまったのよ。くずを掃いたりすることは、この辺では当たり前の仕事なのだけど、農業を継ぐ人がいなくって、うちでもこの先畑をどうしようかと思う。ウラシマソウかツリフネソウか、どっちだったかはっきりしないけど、今、咲いているから、是非、見に行ってみて。

坂浜の棚田

◎――金子さんのお話を聞いて、私も自然と子供を守る会のメンバーと一緒に、稲城の小麦でうどんを作ってみました。形は悪いけど美味しくできました。小島製麺所でも、そばをうってもらいました。これは姿も味も格別でした。（92年4月取材）

56

昔の百村の生活と乳牛の飼育

小宮タマ さん・昭和3年生まれ・百村

小宮タマさん

私は、矢野口の生まれでで、実家の屋号は、「中土手」です。今の百村の家の屋号は、「入谷戸」です。稲城駅周辺は、昔は高い山でした。今の駅前のビルよりも高い山でしたね。うちは山の下にあって、家の脇には竹藪があって、梅や梨も作ってました。牛も多い時は、8頭も飼っていましたね。

もう、どのあたりだったかがはっきりしないけど、もっと北のほうに、昔は、亀山山（きざんやま）があって、その下の家は、「亀山下」という屋号で呼んでいるんです。山崩れがあって、地主さんたちが何とかしたいと、区画整理を計画したそうです。

主人が農協や区画整理の役員をやっているときには、私が牛乳の仕事をやりました。朝の4時に、森永牛乳が乳をとりに来るんです。そのときに、前の日の2回分の絞りをとっておいて渡すんですが、いたまないように冷やしておくのです。牛には、畑で刈った牧草とトウモロコシを与えました。でも、区画整理後は周りが開けてきて、通る人に牛や豚が臭うと言われ、できなくなったんです。また、牛糞はそれまでは畑に振りまいていたんですが、できなくなりました。牛糞はべたべたでしょ。山の畑に車に乗せて持って行って、固めておいて、いくらか乾くと畑にまいてました。でも、雨が降ると人の土地まで汚しちゃうから、屋敷に置いても雨降りすると、人の土地に入ってしまうんです。そんな事で、外に置くのもできなくなり、牛乳はやめるようになったんです。長くやっていたんですけどね。牛糞のおかげで作物が良く採れたし、作物には必要だと思いますね。

子育てとおばあさん

子どもは3人いますが、皆、お産は、お産婆さんにお願いして、自宅で産みました。威光寺のおばあさんや、大丸の芦川さんが、お産婆さんをやっていたんです。2番目の子の時は、暮れで忙しく働いていたので、予定日よりお産が早まり、お産婆さんが間に合いませんでした。でも、軽いお産だったので何とか大丈夫でしたね。うちのおばあさんが、お湯を沸かしていろいろやってくれました。

うちのおばあさん（お姑）は、頑張り屋で、私が野良に行ってる間も、子どもを良く見てくれました。ご飯の支度もしてくれたし。1人目くらいまでは、お姑さんも野良に行ったけど、その後は、家のことは全部お姑さんがやったんです。洗濯は手洗いだから、私が夜中にやって、それから寝ましたね。お姑さんといろいろあっても、乗り越えてきました。子どもを自分で見てあげられなかったこと、子どもの教育なんて見てやる暇がなかったことが、悔やまれますが、子ども自身が、良くやったと思いますね。今は子どもを見て上げられなかったから、孫にその分、いろんな事をしてあげてます。

自家製のお茶と山の手入れのこと

矢野口の平らな所から、百村の山に嫁に来たので苦労しました。坂の畑に行くのは、大変でしたね。機械がない時代でしたから、力仕事ですごく苦労しましたよ。昔は、籠を背負って山へ行ったものです。稲城では、茶は、皆どこでも自家用で作っていて、畑の回りの

小宮さん宅のお稲荷さま

ぐるりに植えたんです。お茶摘みも大変で、お茶を籠か袋に手で摘んで入れて、ふかして乾かすのです。摘んだお茶をむしろに広げ、次にせいろに入れて、薪でふかすんです。それからべちょべちょしたものを炭火で乾かす。すごくおいしいんですよ。1年中飲みましたよ。

昔は、山をいろいろ利用しましたね。まき、燃料は、山から出すのが大変でした。山の地主の所に行って、いくらか出して木を買って、それを刈って燃料にした。山をきれいにして、篠やくずをはいてから木を切りました。くずは、風呂用にして、篠竹は燃料に。昔は、梨の葉も燃料でしたね。山のない人は、藁などや細い木の枝を燃料にしたんです。くずとそだ(切り取った木の枝)を別々にしておきました。今は燃料は皆ガスでしょ。

南山の山つつじ

料理も煮物がほとんどでしたからね。1個の卵を皆で食べたんです。

今は木を切らないから、山が荒れてます。桜も何でも切ったから、今みたいに大きな桜がなかったですね。桜の花も、今みたいに「ここ」と分かるように咲いてはいなかった。

山では楽しいことがあったんです。私は花が好きなので、山をきれいにするとキンランやギンランが出て、よみがえるんです。毎年のようにきれいにして。シュンランやハギも、昔はもっとたくさんありました。ツツジが咲いたときは、山が赤く染まりました。ナンバンギセルが、カヤの間に出たり、リンドウも咲いて、宝の山でしたね。山へ行くと行きがけに、「ここにこんな花がある」と眺めておいて、帰りにとって家に植えたものです。紫のツツジもそうして家に植えました。畑の苦労も忘れるほど楽しかったですね。

◎――山は手入れが大切という事を教えられました。お庭のお稲荷さんは、山の中腹にあったのを、山がなくなるときに移し、改築したそうです。年1度、油あげ、豆腐、めざし、おこわを供えて大切にしています。(08年4月取材)

57

養女として育てられて

福島敏さん・大正13年生まれ・東長沼

生まれは、川崎菅の馬場谷戸です。土地は3町歩もある、梨も田んぼもやっている大きな農家でした。

産みの母は産後の肥立ちが悪く、私を生んで間もなく亡くなってしまったのです。それで父親は、私を東生田の農家に養女に出しましたが、もらわれた先が、経済的にゆとりのある家ではなかったので、父が心配して連れ戻りました。その後、父の後妻に入った「おあきさん」に育てられ、6歳の年に、稲城の平尾の旧家に養子縁組したんです。養子縁組した平尾の旧家では、双子の女の子を亡くしたばかりの時でした。昔は、双子を嫌う風習があり、そのせいかどうか、生まれて間もなく、あまり乳も飲まずに死んだらしいんです。そこで是非、女の子が欲しいという向こうの希望で、私は養女にもらわれたんです。2月の紀元節のときに養女に行って、10畳間にお雛様が飾ってあったのをよく覚えてます。新しいメリンスの着物を着せられて、隣組合に挨拶に行ったんです。粕谷、住田、黒田、宮田、黒田、宮田、黒田が隣組でした。名前が同じ家が何軒もあったんでね。

福島敏さん

年の離れた兄がいましたが、私はよそからは粕谷さんのお嬢さんといわれて育ったんです。粕谷家は養蚕で有名で、手伝いを雇ってやってました。私も養女とはいっても、蚕の世話を随分させられました。小学校は二小で、今より一段上の場所にありました。蚕の手伝いで、学校には半分くらいしか行かなかった。手伝いの人の子のお守りをして、赤ん坊を背負って、午後に学校に行って、その日一日の勉強を教えてもらったものです。子ども達からは、「もらいっ子」と言われて、いじめられたり、泣かされたりしました。養女とは言っても、大きくして人手にしたいというのが、目的だったのかとも思いますね。継母は気の強い、わがままな人でしたね。

母を慕って

昔の坂浜小学校6年のときは、男12人、女9人で、伊勢川そでさんや、伊藤三郎、市村進さんも同級生です。

私は、女子青年団に入り、正月になると鎌倉8幡宮におまいりに行きました。昭和19年に、稲城では御こく米を天皇陛下にあげていたんですよ。女子青年団で田んぼを借りてとれた米を送っていました。1俵かそこらでB29が来ない前でしたね。

私は、どうしても継母になじめずに、育ての親の「おあきさん」が恋しくて仕方ありませんでした。でも、おあきさんが旅役者と一緒に、家を出てしまったという話を、どこからともなく耳にしました。

実家は、農家をやってましたが、父が世話好きで、相模の旅役者の松田松五郎という旅役者に部屋を貸していたのです。おあきさんは、その旅役者と駆け落ちしてしまったのです。おあきさんは、二ヶ領用水のそばの大きな農家の出で、おしゃれで田舎ながらにもとてもきれいな人だった。

東長沼の田んぼで御こく米の田植え

おあきさんに会いたい一心で、家族全員が家を留守にしたお祭りの日に、一人で中野島のおあきさんの生家を訪ねたりしました。でも、会うことはできずに帰りました。随分たって、おあきさんが亡くなり生家の墓に入っていることを知りました。お墓におまいりに行きましたが、6歳のときに分かれたまま、とうとう1度も会うことがありませんでした。今でも一番懐かしい人ですね。登戸の方に相模の旅役者が来ていて、私もよく遊びに行きました。戦争中、田舎回りだとご飯が食べられるから、そういう旅役者がいたのです。お祭りになると小屋がたって、楽しかったですよ。私もよくついていかなかったと思います。

おとっつぁんは養子縁組した後も、私を気遣って粕谷家によく会いに来てくれて、嫁に来るときは仲人までしてくれたんですよ。達者でやさしくて、正直で男気のあるいい人でしたね。お父さんのことは大好きでした。

終戦後すぐの、昭和22年に平尾から長沼に嫁に来たんです。結婚したときには、粕谷家には兄がいたので、粕谷家の財産は、私は何も相続しないという事でこちらに嫁に来ました。でも、継母は最後まで私が面倒見たんです。

嫁に来てからは、本家の手伝いで梨や畑をやりました。丸19年奉公して、それでこの土地をもらったんです。本家の仕事だけでは、現金が入らなかったので、畑仕事のないときに、朝鮮の人と一緒に、川原の砂利ふるいをしたり、映画のエキストラをしたり、なんでもやりました。昔は、本家を立てる習慣があって、私はつらいこともありましたが、お舅さんにいつも陰で助けられました。だから、お舅さんは亡くなるまで大切にしましたよ。私は、学会をやって人が大勢来ていたので、ここまでやってこれたと思いますね。テレビのおしんどころではない、いろいろな経験をしました。一つ物語ができるほどですね。

◎——乳幼児の死亡率の高かった昔には、さまざまな親子関係があったのですね。母を慕う福島さんのお話に、こちらも胸が切なくなりました。

(08年5月取材)

58 三沢川浄化作戦でアヒルを放して

もと稲城市職員の方にお聞きしました

稲城市の教育委員会に関わっていた昭和49年に、自然をテーマにした活動の一環として、動物と子ども達と自然環境を考え、アヒルを三沢川で飼うことを実施したんです。ごみ投棄で汚されている三沢川を、アヒルを飼うことで、浄化に心がけてもらいたいという願いを込めて、三沢川浄化作戦として実施しました。

6月にアヒル小屋を作ってPRし、8月31日に放すことになったんですが、放す前に三沢川の清掃を行いました。いきなり川へ放すのも良くないので、その前に泳ぐ練習をさせたんですよ。でも、水の中へ入れると沈んでしまって大笑いしました。どうも脂が出ないらしいんです。2、30羽放しましたね。関係委員さんや青少年委員会の活動でやったんですが、その後、稲城の授業を生かしたり、アヒルの飼育をする子ども達のクラブができて、この活動が環境美化市民運動につながっていきました。大雨が降ると、翌日は下流に探しに行きました。棲息条件としてはあまりよくなかったですね。たまり場所がなかった。分水路ができたり、谷戸の水が減ったりも影響したと思いますね。結果的には多摩川へ流れたり、野犬にやられてしまったりで、終わってしまいましたね。

昭和 60 年頃の三沢川

その後、厚木で同じような取り組みがあり、向こうのほうが上手かったのか、「アヒルの里」が有名になりました。翌年には、養殖した鯉を買ってきて、市民の人が放しました。

川の堤に桜があって、子どもがいて、歩道があって、魚がいて、アヒルがいて、なんていいね、と話し合ったんですよ。

今より、やることの規模は小さかったけど、頑張りました。今は、ちょっと、なんでも管理的なやり方になっているような気がしますね。

◎──三沢川には、随分長い間、アヒルが暮らしていました。時にはパンくずを子どもと一緒にやりました。アヒルも暮らせるような、川の構造がいいですね。(93年7月取材)

59 ニュータウンのできる前

石井光枝さん・大正15年生まれ・大丸

私は、昭和28年に、平尾から大丸に嫁に来ました。大丸のこのあたりは、南多摩駅はあったけど、今よりもっと山の中だったんです。今のニュータウンはもう山の中でした。山の中にうちの畑があって、籠に葉っぱを詰めて背負っていきました。それをうなうち(クワで土の中にすきこむこと)したんです。畑ではいろいろ作ったし田んぼも三小の裏にもありましたね。ニュータウンができるときに、畑を安く売りました。丁度、今の三和のそばで、ほかにも水道局の手前や、陣方公園のあたりなどに、畑がチョコチョコありました。

養鶏もやっていました。名古屋の方に申し込んでおくと、ひよこが鉄道で送られてきてとりに行きました。今の庭のコンクリの仕切りのところに雛の小屋があって、２００羽くらい飼ってました。温度をとるのに、鳥小屋が火事になった家も、坂浜にはありましたよ。卵は石黒さんという材木屋さんの人に出しました。白い鶏を買いに来る人もいました。

年とった鶏は、「もうこれはつぶした方がいい」と、廃鶏屋が持って行きました。渋谷の方から、オートバイで親子で来てました。私が、お嫁に行く前に平尾にも来て、お嫁に行ってから大丸にも来て、「あれ、こんなところに来たの」と驚いてました。

造成中のニュータウンを望む

井戸水は、庭に出ていて、今も使っています。市の下水ができてから、メーターをつけなくてはいけなくなったのですけどね。10メートルくらい掘ったつるべ井戸です。もう使わないようにするか迷ったのですが、市の人に「まだ使えますよ」と言われ、水質を見てもらったら、「大丈夫ですよ」とのことでした。その昔は、湧き水が流れていたんですけど、今はふたをしました。

貸家の人との交流

南多摩駅の区画整理の場所には、貸家を持っていたのですが、富士通で駐車場に貸してといわれて貸し、その後、サントリーに貸しています。今残っている貸家は、「ここにいたい」と言って住んでくれている4軒だけですが、長く仲良く付き合っています。

結婚後は、小姑が女4人、弟2人で家の仕事が大変でしたね。主人は昭和54年に、皆さんに押されて2期、市議会議員をやりましたが、森市長がなくなる前に、61歳で亡くなったんです。主人と旅行に行った事は一度もないんです。私が不満を漏らすと、「旦那が勤めの人は旅行に行くけど、我々はいつも2人で田や畑に行くからいいだろう」と言ってましたね。私は、大丸野草の会に入っていて、4月、9月は、その準備でとても忙しいんです。そろそろカタクリの花が咲くし。毎月第2木曜日が、野草園のお掃除の日です。都の事業だから手伝わなくてはね。

◎――石井さんは、お庭に沢山の野草を育てています。ニュータウンのすそにある、静かなゆっくりとした風景が昔の稲城を偲ばせます。（08年4月取材）

石井さんのお庭に咲くホタルブクロ

60 火工廠（多摩弾薬庫）と陸軍官舎

鷹野すゑさん・大正6年生まれ・大丸

自宅で鷹野すえさん

私は渋谷の生まれで、親同士が知り合いだったので、おじいさん（旦那さん）と結婚しました。おじいさんが陸軍の役人で、弾薬庫の関係だったのでこちらに来たんですよ。おじいさんは、弾薬庫の最初から関わっていたので、一番先に稲城に来たんです。最初はデニーズ前の官舎にいて、それ

今も当時のままの旧陸軍官舎

から今の官舎ができて移りました。今の官舎は、陸軍が一帯を買い上げて、昭和14年に作ったんです。そのとき私もここに来ました。

ここは上官の家族たちの官舎で、役付きの人、技術者の人が寄り集まってきているのです。奥さん達も、昔の高等女学校を出た人が多かったですね。稲城で一番奥深いところで、周りは田んぼでした。板橋の弾薬庫から回されてきた人が多かったと思いますよ。渋谷から稲城に来たときは、田舎だなと思いましたよ。南武線が40分から50分に一本で単線。官舎ではあちこちから来た寄り合い所帯だから、最初のうちは、あまり交流はありませんでしたね。軍からの食料や衣料の配給があって不自由がなかったから、それですんだのかもしれませんね。

弾薬庫は、もとは山で陸軍が買い上げたものです。中では黄色い火薬を作ってました。野良犬が、黄色くなって帰ってきたほどでした。弾薬庫に爆弾を落とされたことはないですね。山が深くて、B公（B29）が飛んでも弾薬庫があることが分からなかったんです。昭和12年頃に、この上空でB公が飛んでいましたが、山梨、八王子「から多摩川が光るのを見て都内に行ったらしいです。多摩川を目当てに飛んでいたのですね。坂浜で空襲があった時には、弾薬庫の女子寮のガラスに赤い火が映ったのを覚えています。防空壕を山の中に軍が作ってくれたので安全でした。それにこの辺に落とされても周りが田んぼなので破裂しないのです。弾薬庫の職員は福島の人が多かったですね。庶務の人が福島に募集に行ったのだと思います。

終戦後は、それぞれ、軍からの物資を馬などで引いて、三々五々故郷に帰ったり、残った人もいました。大丸公園に女子寮があり、稲城寮は男子工員が住んでました。これがその後、引き上げ寮となり、都営住宅になったんです。弾薬庫にはアメリカが来て常駐しましたね。家は天井に節がなく床の間が高く、良い造りです。家は8畳、6畳、4畳半、お勝手、風呂で水道がひかれていました。敷地が100坪くらいある広い家で、陸軍がなくなって国有財産になってから、昭和50年前に払い下げられました。もう70年くらいの建物ですね。

市立病院のこと

戦争が終わる時に、おじいさんら二人だけが、残務整理で残されました。弾薬庫は、戦後、大蔵省関東財務局の管轄になりました。その後、一部が稲城市のものとして、今の稲城市立病院になったんです。もともと、職員のための医務室があったのでね。最初、稲城には中学校がなかったので、中学校にする話もあったんですが、市の中心から外れているのでやめになりました。木造で番地がなかったんですよ。娘はここで生まれました。昔はクーラーなしで扇風機でしたね。産婦人科には掘江先生がいましたよ。医王寺のあたりにあった昔の朝鮮部落も整理されました。子どもは第一小学校に行きましたが、官舎の子と言われて差別されたこともありましたね。市立病院が木造から新しくなったのは昭和45年ごろです。そして最近、また新しくなったのですね。

◎——市立病院の近くに、昔ながらの造りの住宅地の一角があります。そこが昔の火工廠の官舎です。そこだけ時が止まっているような、懐かしく暖かな空間です。（08年4月取材）

大丸公園から市民病院を見る

61

川のある暮らし

大正生まれ　矢野口の女性にお聞きしました

最初の三沢川は、今よりずっと狭くて2間くらいでした。その後、これまでに、3回広げたり場所を移したりしました。最近の改修は、天井川になった三沢川より、周囲の家を高くする目的もあったようです。

昔は、三沢川の水をさまざまに利用していました。まず、水のきれいな朝のうちに汲んでおいて炊事に使い、早くてきれいなうちは、川でお米もといでそのまま炊きました。昼の支度は、朝汲み置きした水を使い、風呂用にはバケツで汲んで使いました。川岸が高くなっているから、家から川岸まで登って、また、水を汲みに、下まで何度も上がり降りしたので、とても大変でした。川の近くの家では、川の水を生活全般に利用していました。

川の周りは、竹藪と草が生い茂り、橋の脇の部分は岸に降りられるようにしてありました。川にはウナギや沢山の魚がいて、山に毒の実があったので、それを撒いて魚を浮かして取りました。ナマズはいましたが、汚れた水にすむコイやフナはいませんでした。冷たくてきれいなすごく良い水で、百村から流れてくるけれど、汚い水が入るところもなかったのでしょう。勝手の水は、用水に流して田んぼに引きました。田んぼを巡るうちに、きれいになるのか、どこかで川に流れ込んでいましたが、川はそんなに汚れることはありませんでした。

昔は、ホタルもいて、本当にきれいでした。子ども達は泳いで遊び、三沢川の支流には、水車がかけられていました。

周辺には数軒しか家がなく、例え、下水が入っても「三尺流れれば水清し」と言うように、汚れることはなかったのです。現在は家が増えて、流しの水が入るのできれいにするのは無理かもしれません。昔は、洗剤もあまり使わずに、あったのは洗濯石鹸くらいだから、それほど汚れなかったのでしょう。

顔を洗うのにも石鹸は使わずに、髪を洗うのも、そばを茹でた残り湯で、それがとてもよく汚れを落としました。髪を洗う日には、そばの茹で汁を残しておきました。脂っこい肉食はあまりしないから、石鹸を使わずに済んだのです。そばは自分の家で伸して、切って、ゆでて食べました。

現在の三沢川親水公園

食べ物は、ほとんどが自家製で、鳥をどの家でも飼っていたので、卵を食べたり、鳥をつぶして利用しましたが、頻繁ではありませんでした。井戸が普及する前は、川の水を飲んでいました。井戸は、川の水が汚れて飲んではいけないということになって、掘ったそうです。

市役所では、川に関心を持ってもらい、きれいにするために、川にアヒルや鯉を放したこともありました。

◎――昔の女性は、小学校を出ると、奉公に行く人が多く、川と離れた長沼あたりでは、その前金を貯めて、家に井戸を掘るお金にした家庭もあったそうです。（93年6月取材）

62 坂浜の養蚕と織物

大正生まれ・百村の女性にお聞きしました

私は、坂浜の生まれです。坂浜は養蚕が盛んで、実家でも養蚕を手広くやっていました。蚕はお米に比べて、お金になったんです。それに坂浜あたりの田んぼは、「どぶった」といって、腰までつかるほどのどろ沼だったので、作業が大変だったんですね。また、稲城では梨づくりが盛んですが、坂浜は土地柄で、梨には向いていなかったようです。蚕は、「春子」「夏子」「秋子」と言って1年に3回育てます。坂浜には、桑がたくさん植えられていて、蚕が成長する時期には、朝から弁当を持って桑摘みに行きました。そうしなくては、蚕の食欲に間に合わなかったんです。手に桑摘みの道具をつけて競って摘み取りました。小学生でも手伝いましたよ。

南山の菖蒲

　今でも覚えているのは、繭の収穫後に、父親が「おーい、来てごらん」と私たち子どもを呼ぶので行って見ると、繭が大かご3つに詰まってました。かご1杯が100円で売れたんですが、多分、今の1千万くらいではないかなと思いますね。村でも一番か2番の収穫量でしたからね。

　とれた繭は上、中、下の等級に分けて、上は工場のあげ場で茹でて、繭糸を紡いで糸にして、織り屋さんに持っていきました。大体2百匁で1反の織物ができます。織り屋さんは確か、八王子「の方にあったと思いますね。八王子「は絹の里ですからね。中の繭や下の「みや」は、蚕のおしっこや糞がついたものや、病弱な蚕の繭で、薄くてできそこないのようなものでした。上繭で織りに出したのは、平織り、ちりめん、かべなどいろいろに織ってもらいました。それから、府中の「こうやさん」という染物屋で、好きな色に染めてもらいました。

織りと染めのこと

「みや」は、家で母親が糸につむいで、機織機で織って平織りの反物にしました。そして、「草木染め」や「みやこ染め」で、色をつけました。「草木染め」は、もち草などの植物で、いろいろな色に染めたんです。「みやこ染め」は売っている染め粉で染めるのです。染めた反物は、そのままでは硬いので、三沢川で洗ってさらします。そうすると、繊維が柔らかくなるんです。

　母は織物が上手で、特に縞模様の織物を織る時は、夜床の中で、「どんな色の反物にしようか、縞の太さはどのくらいにしようか、その為には機織の目数を何目にしたら良いか」と、いろいろ構想を練ったようです。そんなこともあって、私は小学校の2年生で、一重の着物を縫うようになり、縫い物だけでなく、結婚後は着付けも学ぶようになりました。ですから昔は、絹の衣類を、皆、着ていました。ズロースやももひきも絹でした。また、絹の着物は洗濯できないので、洗い張りしてましたよ。女の人は結婚する時は、必ず張り板を持って行ったものです。

◎――昔の女性は、手作業で家庭を切り盛りしたのですね。お母さんが作ってくれた洋服を着る子どもは、きっととても幸せだったことでしょう。

（07年5月取材）

63

上平尾と坂浜の野菜組合

宮田茂・敏子さん・大正10年、14年生まれ・平尾

私の家は、上平尾でとても静かなところだね。今区画整理の計画が持ち上がっているけどね。昔は、お蚕をやっていたが、12歳の時から野菜を作り始めて、今の都庁の所に市場があって、毎晩、自転車で持って行った。小さい「はしご」に野菜を積んでね。今、清水谷戸の畑は、トマトやきゅうりを植えている。

娘もよく手伝ってくれています。とった野菜は、野菜組合でそれぞれ籠に名前を書いて出している。野菜組合のお店は、押立と農協と向陽台と平尾にあって、順繰りに回るんだよ。売る人は当番で担当しているが、パートさんも雇っている。ねぎは夕方とって、夜なべで洗って、次の日に出す。泥つきのねぎもあるがね。でも、葉物は朝早くとって、それからきれいにして売りに出すので、とても忙しいね。お客さんが少ないと、売り上げが少なくて、パートのおばさんのお金を払えないほどだね。野菜組合の野菜は、遠くから入る野菜とは違って有機肥料だし、農薬も少なくしているし、美味しいよ。ほとんど消毒しない。でも、小さな畑ではとれる量が少ないから、なかなか大変なんだね。農業だけで生活するのは大変だから、貸家を持っている人も大勢いるよ。毎月決まったお金が入るわけではないから、そうしないと食べていけないからね。余った野菜は近所に配ったりするけど、喜んでくれると嬉しいね。（茂さん　99年8月取材）

自宅の土間で宮田敏子さん

農家の嫁のこと

私は、栗木から嫁に来ました。実家は炭焼きをやっていて、子どもの頃は、学校から帰ってくると、上がりぶちに、「薪をしょって来て」と親の手紙が置いてあるので、薪を山に運んで手伝いました。また、豚も飼っていたので、お父さんがいないときに、夜の山の中で豚が生んだ仔をとり上げたりしましたが、怖かったですね。

このあたりのメロンは美味しくて、今でも市場に行くと、「宮田さんのメロンは美味しかった、また欲しいね」と言われるそうです。メロンは毎日、もぎ取って洗って、箱に入れてパッキンをして、そして新百合あたりまで牛車で引いて持って行きます。そうすると、東京の市場がとりに来たんです。サツマでも何でもそうしてました。野菜によっては、調布まで引いてゆくものもありました。

昔は、このあたりでは、魚屋は一年たってもやってこないから、せいぜい自分の家の鶏をつぶして食べるくらいでした。魚を買った時には、ひとつも残さず食べるために、ご飯にのせて炊き込みました。そうして骨をきれいに外して、身をご飯に混ぜ込んで食べました。

嫁に来た頃は、土間の歩き方ひとつでも舅や姑から厳しく言われ、とても苦労しました。3人子が授かりましたが、子どもを産むことさえも、農作業に差し支えないようにと気を配りました。嫁は農業をするためにもらった、という考えが親にはあったのだと思います。でも、今は子どもや孫達も立派に成長して、ひ孫までいるんですよ。

清水谷戸の畑

家にいると、マンションやお墓を建てませんかと、ひっきりなしに業者がやってくるけど、うちでは農地を大切にするつもり。孫が農業を継いでくれるかもしれないし、休みには手伝ってくれている。今も、雨の日以外は毎日畑に出ます。畑が大好きなのです。

◎──坂浜や上平尾では、谷戸や丘陵を上手に利用して、田んぼや畑を耕作しています。小さな不便な農地での作業は、とても大変だと思いますが、そういう農業が、これまでの稲城の自然を守ってきたのだと思います。（敏子さん08年6月取材）

64 稲城の養鶏

落合助弘さん・昭和2年生まれ・坂浜

落合助弘さん

昔、読売カントリーができる前は、そのあたりに畑があって、肥やしを籠に背負っていくのは、大変だったよ。田んぼのふちまで、車で肥やしを運んでから、背負って畑の中に入った。昔は、膝までつかるほどのどぶったで、水が切れず、収穫は、年に1回だけの一毛作だったね。また湧き水が冷たいので、作物に冷害もでたりしたね。

昭和30年代から60年代までは、養鶏をやっていたんだよ。多い時は4千羽もいたね。一日に100キロから150キロの卵を出したんだよ。養鶏組合長もやっていたね。

でも、回りに家が建ってきて、最初は卵を買ってくれて、近所で重宝だなんて言ってくれたが、そのうちにハエが出るので困ると苦情を出すようになった。それで、農協や市がハエの薬を配るようになった。それでもその薬は最初は効くんだが6月になると、ぱったり効かなくなるんだよ。それで仕方なく、今度は農薬をまくんだが、昔は、ランニングのまま、手でまいたりしていたからたまらない。そのために体を壊してしまった。それでやめたんだよ。苦情が出たので森市長も視察に来たよ。2週間に一度、糞をはいてまとめて乾燥させていたのでいつもきれいになっていたけれどね。

卵を産まなくなった鶏は、廃鶏として売れていたんだけど、ブロイラーが広がって、それも売れなくなってしまった。やめる頃には、廃鶏が段々、安くなり、ついにはただになってしまったんだよ。廃鶏は肉が硬くて、今の若い人には好かれないためかもしれない。

田んぼや畑は、ずっとやっている。親の代から借りている農地があったが、宅地にするから返してくれといわれて返したよ。農地は守っていきたいが、相続があると土地を売らざるをえないね。田んぼは、去年は休んで、今年は2反のうちの半分をやろうと思っている。野菜には農薬を少なく使うよう心がけているよ。自家用にしているしね。ハウスで作る春野菜は、やると儲かるが、設備費がとても高いので、私らがやるのはとても難しい。息子はやらないのではないかな。農業は天候に左右されるし、収入が少ないし、大変だからね。東京都で坂浜の農業が表彰されて、旅行に行った事がよい思い出だね。

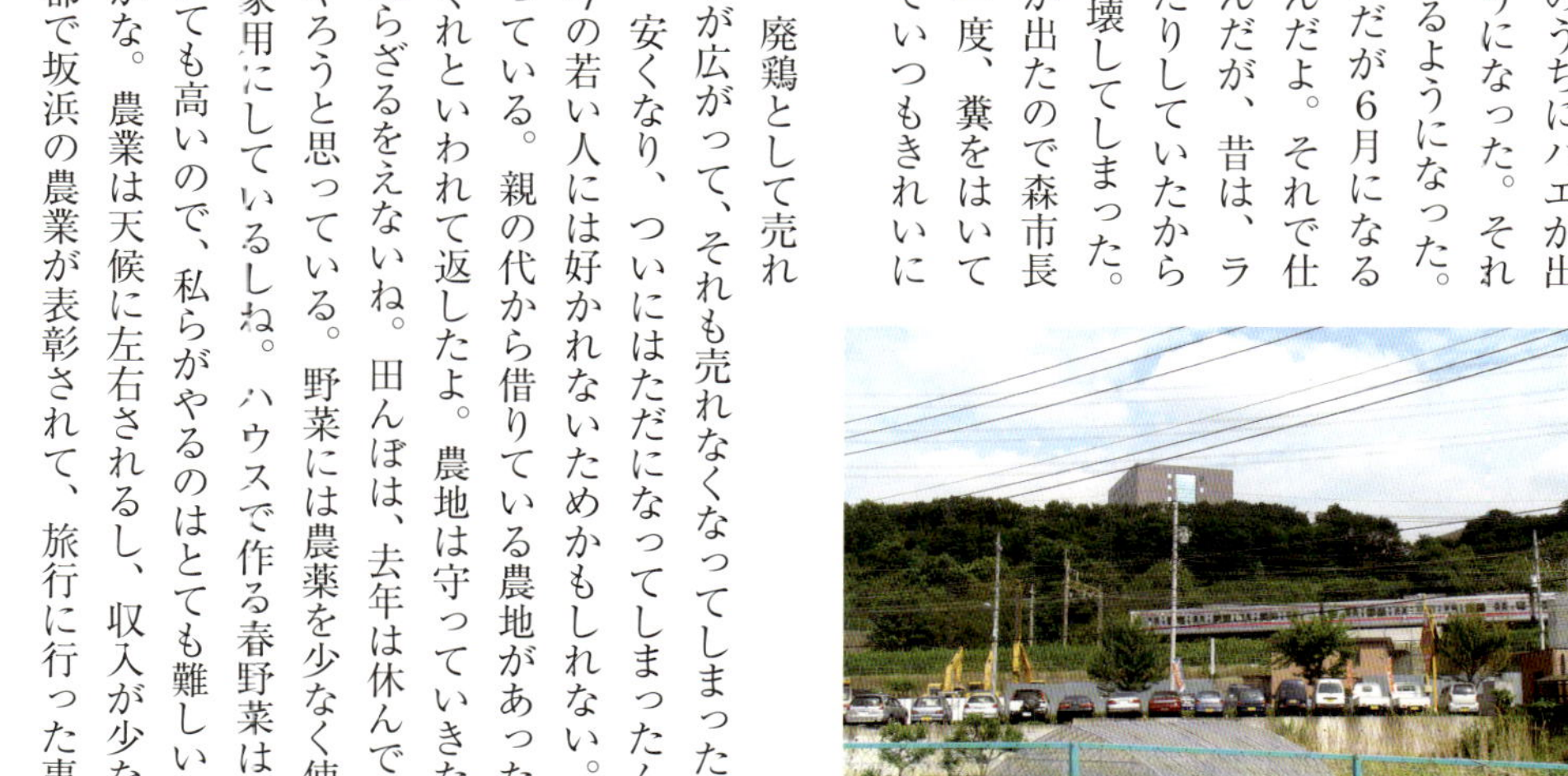
坂浜の駒沢学園方面を望む

◎──落合さんは、一時からだを壊されましたが、今でも一生懸命、農業を続けています。養鶏組合の長として頑張ってこられた方です。（98年6月取材）

65

大正生まれ・上平尾の男性にお聞きしました

坂浜、平尾の農業と区画整理に思う

私は、上平尾で生まれて、ずーっとここで暮らしてます。家では農業を広くやってました。田んぼは15年前にやめましたね。減反政策があったり、作業がきつかったりで転作しましたよ。水田がなくなるのは、仕方ないですね。地方にも沢山あるからね。そっちで作って欲しいです。今の耕作面積は80アールで、野菜を15品目作ってます。主に、野菜組合の即売所で売って、一部は多摩センターの市場に出します。現在、農業収入だけではやっていけないんです。アパートを持って、やっと暮らせる程度で、子どもが不動産を持っているからなんとかやってます。農業だけの収入は、およそ3百万くらいかな。自分と嫁だけでやっているんで、いつまで続くか不安ですね。だから今後、農業は縮小したいと思ってます。不景気で売れ行きが悪いし、農作業は腰が痛い、作業がきつい、それなのに、とても忙しいんですよ。耕運機を使ってやってます。手作業だけでは、とても無理ですからね。他の仕事と比べると、毎日疲れることや、休みがないのが不利ですね。

日本昔話のようにのどかな上平尾の風景

自然は本当は守りたいけど、時代の要請だから仕方ないのかな。農業が自然を守っているという事は、そのとおりと思いますよ。雑木林は自分は持っていないけど、農業では堆肥場所として必要だから、自然を守ることにもつながると思いますね。自然が好きな人が、都会から来るけれど、自然を守っているのは自分たちだと思いますよ。自然を守っていることに対して、何か補助が出たら、もっと農業も続けられるかもしれない。

区画整理は、後々のためによいと思いますね。息子が処分しやすいように。税金が高いからね。市街化区域の方がいいと思いますね。生産緑地法があるから、農地は指定できるからね。今度の計画では、できるだけは生産緑地の指定を受けたんです。面積が足りなくてできなかったところ以外は全部ね。生産緑地は終生でなく、5年、10年で見直し、小さくても指定できるようにして欲しい。

区画整理で集合農地にする案があるが、私は賛成できない。後継者も決まっていないから、いつでも売れるように宅地農地がよいと思っているからね。区画整理の減歩はある程度は仕方ないですよ。

今年から制度が変わって、転作しても転作奨励金がもらえなくなったんです。それで3千円から4千円もらうためには面倒な手続きが必要になってしまったんだね。私は届けが厄介だから届けません。

農業を潰すことは、国を潰すこととおなじだね。農地に宅地並み課税がかけられるのがおかしいことだね。息子にも農業をやって欲しいし、今のところ定年になったらずっとやるといっている。今は、一人でやっていてさびしいけれど、それまで待つしか仕方ないね。農業に企業が参入するというが、企業は相続税がいらないのでできると思うね。自分達もそのようにしてもらいたいね。国の政策が農業を殺してゆくと思うよ。

◎――お話で平尾から水田が段々減って来た理由が少し分かりました。平尾や坂浜の自然と農業を残す為に私たちにできることは何だろうかと考えさせられました。（99年10月取材）

66

南山、弁天洞窟、ありがた山、穴澤天神社

井上光臣さん・昭和5年生まれ・矢野口

稲城に来てから、半世紀近くがたちました。当時、ランドの山に向かって撮った写真には、家が1軒しかなかったんです。井西さんの家だけでしたよ。南山は、今のようには削れていなくて、中坂、谷戸坂と、今の稲城駅の市役所の北のところと、全部で三つ道があって山に続いてました。農道、山道で、川崎高石の方へ抜ける道でしたね。

この辺は、山が京王線のところまであって、なだらかで自転車で登れたくらいですよ。子を乗せて登れたんですから。自分の子や、近所の子を連れて山に行って、フジつるでターザンごっこで遊んだりしましたよ。

その当時は、そんなものしかなかったのかな。でも、中坂は崩してなくなりましたね。新田の梨山のある所。砂が取られて、山がなくなって崩したのは、オリンピックの前で、それまでは、鶴川街道は砂利道でトラックが通らなかったのに、それからは砂を運ぶために、砂利トラックが頻繁に通るようになったんです。

威光寺の弁天洞窟は、防空壕のあとを、名所にしようと掘り進めたものです。農家のおじいさんが掘ったんですよ、昔は、皆器用だったからね。東京の人はあまり来なくて、ここら辺の人が来たくらいですね。あのあたりは谷戸坂といって、家が8軒しかなく、八雲神社があって普通の雑木林だったんですね。

よく洪水が出て、消防がその都度出ました。鉄砲水です。用水路が狭くて氾濫して、三沢川の天神さんの東側が崩れて、三沢川を全部ふさいだこともありました。神社の裏ですよ。

穴澤天神社の御神坂73段は私が来た頃からありました。昔の人は達者だったんだね。手すりがなかったんですよ。小沢城の石碑が、いつの間にか取られてなくなったりしましたね。お寺の食料倉庫が妙覚寺で、ありがた山は、昭和の初めにできたと思います。都内の無縁仏を集めて、日蓮宗の信者が夜昼となく集まってきて、小屋を作って寝泊りしていた。きっと守っていたんですね。女性の方が多かったと思う。昔の人は偉かったですね。

墓地と墓地の真ん中に道をつけて、仏舎利塔を建て、4国の八十八箇所を真似ました。仏舎利塔は私が来てからです。

子どもたちは、一小に行ったのですが、昔の一小は木造の2階建てで、農家の人の子息が多かったです。この辺の農家の人は、肥やしを調布まで汲みに行きましたよ。

稲城の自然と子どもを守る会で崖上から市内を見渡す

南山の崖

威光寺の弁天洞窟

穴澤天神社の 73 段ある階段

いろいろな梨、地域に溶け込んだこと

梨は、数多くの農家の人が品種改良につとめて、梨歌で有名な川島さんの「清玉園」、そして東長沼の進藤さん、そして矢野口の「吉の園」、それぞれプライドがあったようです。

井西吉太郎さんは、「吉野梨」を作っていました。そして、自分の梨園も「吉の園」とつけたんです。「稲城」の前の、大きい梨でとても大きくて、香りがあって美味しい梨でした。「吉野梨」は、大きいので「新高」を改良して作ったとも言われていますが、交配は偶然できることが多いので、本当のことは分からないと言われてます。「長十郎」はあまり売れなくて、畑の穴にふけた（過ぎた）梨を、泣く泣く埋めたことも何度もありました。

矢野口では、田んぼもあったけど、カドミウムの騒ぎがあって、田んぼが段々作られなくなり、埋めて梨や畑にするところが、多くなったんですよ。私も田んぼ、田植え、稲刈り、雑穀と畑の手伝いもしましたよ。

ここに来た頃は、お彼岸に地域で道普請をしていました。それで越してきたての、お彼岸の道普請のときに、一升瓶を持って「ここへ来ました者です宜しく」と挨拶をしました。それですぐに受け入れてくれ、榎戸の母体22軒に入れてくれました。

◎――矢野口の昔の写真は、家の全くない畑ばかりの風景でした。この五10年は、本当に日本の大きな転換期で、この変化の良い点、悪い点を判断し、未来に生かすべきと思います。（08年5月取材）

67 漁業組合で毎年行う鮎の放流

川崎増次さん・昭和8年生まれ・押立

私は、今、川崎清さんの後を継いで、多摩川漁業協同組合稲城支部の支部長をしてます。

多摩川漁業協同組合は、戦前の漁業組合から続いています。主な仕事は、多摩川の釣り人に入園料としてチケットを買ってもらい、そのお金を組合に入金することですね。都の水産試験場の指導を受けて、組合はそれで鮎の稚魚を買い多摩川に放流します。

川崎増次さん

鮎は、年1回、5月に放すんですが、放流後は、秋川まで上って、それから東京湾まで下り、東京湾辺りを回遊して、大きくなって、また多摩川を上り、3月くらいに、世田谷辺りの多摩川で産卵するらしいです。

多摩川水系の漁業協同組合は、秋川、奥多摩、多摩川の三つからなっていて、稲城は、その中の多摩川漁業協同組合に入っているんです。稲城支部は、大丸、押立、長沼、矢野口、百村、坂浜に分かれています。放流の時には、稲城支部全体で手伝いますね。このごろは、中学校や小学校の子ども達も勉強のために、手伝ってくれます。

鮎のほかにも、コイ、フナ、オイカワなど、合わせると稲城だけでも、年間五万匹は放してると思いますね。でも、放流した3分の1以上は、鵜などの野鳥が食べてしまうんです。もし、放流しなかったら、魚が絶えてしまうと思いますね。そのほかには、多摩川の花火大会に協力したり、多

鮎を放流する多摩川押立あたり

摩川の清掃もしています。

◎——朝早く多摩川に行くと、運がよいとトラックで運搬してきた稚魚を川に放流する場面に出会えることがあります。私も初めてその場面を目撃したときには、とても感激しました。川を守る人々が、知らない場所にいることに感謝しました。しかし、川の魚まで、人が管理しているという事実にも、複雑な気持ちになりました。川の入場料という考えは、山にも当てはまる考え方と思いました。（08年8月取材）

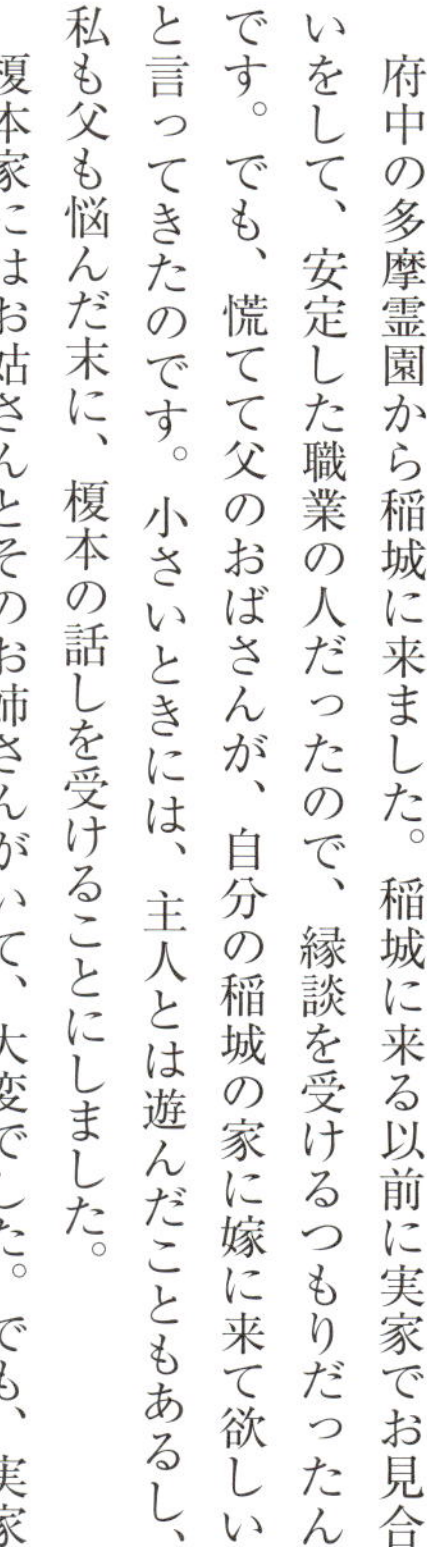

68 昔のお嫁さんの暮らしと農業

榎本クラさん・大正13年生まれ・百村

府中の多摩霊園から稲城に来ました。稲城に来る以前に実家でお見合いをして、安定した職業の人だったので、縁談を受けるつもりだったんです。でも、慌てて父のおばさんが、自分の稲城の家に嫁に来て欲しいと言ってきたのです。小さいときには、主人とは遊んだこともあるし、私も父も悩んだ末に、榎本の話しを受けることにしました。

榎本家にはお姑さんとそのお姉さんがいて、大変でした。でも、実家のおじいさんがとても優しい人で、家族をとても大切にする人でしたから、私もそれが当然と思って暮らしてきました。親の助けをするのは当たり前と思ってね。古い家で囲炉裏があったので、お姑さんはいつもまきを用意していて、何かにつけて、「こっちに来て話なさいよ」と声をかけてくれましたし、私も嫁さんにはそうするように心がけているんですよ。主人は次男でしたが、長男が戦死したので主人が家を継ぎました。

畑で榎本クラさん

子どもが小さい頃、お腹が痛くてどうもおかしいと思って、立川病院で診てもらったら手術が必要といわれました。それで実家に帰って日赤に入院したのです。手術して退院したのに、おばさんたちは「1年でも2年でも実家にいなさい」というのです。でも、子どもはむこうに置いたままなので、さびしくて、「帰りたい」と言うと、稲城から府中の実家に、私の様子を幾度か見に来てくれました。丁度、私がタライでたすきがけで洗濯をしているのを見て、「もういいだろう」という事で帰ることができたのです。実家の母は、帰ると何かと大変だから、今、少し養生したほうが良いと言ったのですが、私はそれを振り切って帰りました。ところが、帰るといろいろ気を使い、食べたいものも食べずにいて、養生が悪かったのか、今度は、目が見えなくなってしまったんです。私は栄養が悪いせいだと考えて、3歳の子を連れて、

榎本クラさん宅の屋敷林

田んぼのイナゴを採って食べました。それで段々、目が見えるようになったんです。それ今では、おばさんたちが厳しかったから、ものを大切にする気持ちができたと感謝しています。それがなかったら、今の幸せはなかったと思いますね。

主人はある時、このまま農業を続けていては子どもにお金をかけてやれないから、勤めに出たい。農業をやってくれるか?と私に聞きました。私は、「農業が好きだからやります」といって、それ以来農業をやってきました。今の畑と駐車場のところは田んぼだったんです。でも、向陽台ができてから水が枯れて田んぼができなくなったのです。家の周りは山の南斜面で、どこを掘っても水が湧いているような場所でした。

裏庭に、エノキの大木があって、そこに鎌倉時代から続いている八幡様の宅地が5坪あるんです。昔は漆原という名前で、鎌倉時代から続いている家だそうですよ。昔のこのあたりの広い地図もありますし、古文書もあるんです。それで市史を編集する時には、稲城市の人がよく訪ねてきました。

今も使っている古井戸

古井戸のこと

だいぶ昔の事ですが、家の一段上の場所に、近所の人の炭焼きの窯があって、その不始末で我が家が焼けたのです。それで家を建て替えたのですが、それが、また、大工さんの鉋屑に火がついて、燃えてしまったんです。どうもおかしい、不思議なことが続くと思って、そのあたりの地面を突いてみたら、昔の古井戸が出てきたんです。それで井戸を、また、使うようになりました。昔は、はねつるべだったんですが、段々ポンプをつけたり、今は水道になってしまいましたが。

今は、畑を毎日やっていますが、うちのそばだからできると思います。

竹林の竹は、昔は籠屋さんに売っていました。暮れの内に切っておいて、正月過ぎて乾燥して軽くなった頃に、籠屋さんが買いに来て、竹細工や籠にするのです。今は竹の子を採って、頼まれて地方に発送しているんです。お宅の竹の子は美味しいと口コミで広がってね。

◎──聞き書きの後、畑で榎本さんが育てた大きなアザミの花を頂きました。明日の自治会のバス旅行が楽しみと、美しくやさしい笑顔が素敵でした。(08年5月取材)

69 福島屋の界隈と坂浜の暮らし

福島屋さん・坂浜

お店は、明治後期頃からやっていました。屋号は福島屋ですが、「神田店(みせ)」ともいわれています。これは初代が坂浜出身ですが、神田(鍛冶町)の酒屋に奉公にいき帰って来てから、現在のところで開店したので、このように呼ばれていました。酒、味噌、醤油、駄菓子、衣類、履物(主に下駄、地下足袋等)、生活に必要な物を売っておりました。今のコンビニのようなものですね。

酒、味噌、醤油は、すべて量り売りでした。当時の酒といっても、清酒、焼酎ぐらいのものでした。坂浜にも酒を売る店が何軒かあったのですが、それぞれ、自分の店の名前が入った徳利がありました。固定客用だったと思います。商品の仕入れは、日本橋あたりまで行ったと聞

酒徳利

いています。

また、このあたりでは、農家が副業として養蚕が行われていましたので、蚕の売買も行いましたし、桑市も行いました。桑市は、桑の余った農家が桑を出し、足りない農家がそれを買う、というひとつの流通方法だったと思います。戦後、食糧増産のため、桑畠は麦とか野菜の生産に変わり、また、ナイロンの出現により、生糸の価格が下がり、養蚕はすたれました。

福島屋さん

◎――福島屋さんは、今でも残る日用品のお店で、長く地域の人々の暮らしを支えてきました。朝の6、7時に店をあけ、年中無休（元旦だけ休み）だったそうです。坂浜の名物商店です。（08年6月取材）

福島屋さん 祝い樽を手に

70 坂浜のふるさとの暮らし

遠藤アヤ子さん・大正13年生まれ・東長沼

私は、坂浜生まれです。家には囲炉裏端があり、台所では、ご飯を「へっつい」（かまどのこと）で炊き、まき、落ち葉を集め燃料にしていました。薪や屑を掃いて、籠に背負って家に帰りました。子どもの頃、囲炉裏に落ちて大やけどをして、母親が苦労したという話を聞きました。私は覚えていないのですがね。坂浜の暮らしは、高台だったので水で不便しました。田んぼも湧き水を利用して作りました。その頃は、嫁に行くときは水を10分使えるところへ行きたいなと思いました。農作業も大変でした。米になるまでいろいろな作業を通していることを思う1粒の米粒も無駄にしてはいけないと思いますね。

小さい時は子守で大変でしたが、学校へ入学するようになって、子どもが背中から離れほっとしました。思うと本当に田舎の学校でした。学校へ通うのは私の家は近いからまだいいけど、平尾の方は大変だと思いました。小学校高等科修学旅行の思い出は、兄が弁当にと、ジャムのサンドイッチを、調布の方まで行って買って来てくれたことです。今でも忘れませんね。今は、サンドイッチなど珍しくないけど、その頃はどこにも売ってなかったんです。うろ覚えですが、姉達も奉公に出ていました。兄ふたりは軍隊に行き、

遠藤アヤ子さん

私が物覚えのついた頃には、一番上の姉は嫁いでいたと思いますね。私と2つ違いの姉が嫁いだ時は、送っていきました。戦争中坂浜にB29、米の飛行機が焼夷弾を落としたのを目の当たりで見たのを覚えています。私たちは昭和天皇が即位されてから共に歩んできたような気がします。

今思うこと、そしてこれからの生き方

公民館の講座で、自分史を書く機会がありました。書いていると、過去が次々とよみがえり、本当に人生の長かったことを改めて思いました。100歳近い方を思えば、まだまだと思われるでしょうが、元気で生きるのは大変なこと、挫折することなく、何とか乗り越えられたことを、感謝しています。これからは、若い方に支えられながら、迷惑かけないよう、自分なりに生きたいと思っています。主人の理解があったことで、これだけ頑張れたと思います。今は、主人の分まで、いろいろ楽しませてもらっています。現代は、今、思うと、死語になっている言葉が多いですね。また、ワープロ、携帯と何でも機械化し、内容が多種多様になり、より便利にはなりましたが、悪い面にも利用されるのでは、と心配に思います。私たちの年になっては、興味はなく使おうとも思いませんが。でも、時代とともに変わってゆく、それは必然なのだと思います。ただ、もう少しいろいろな面で、コミュニケーションがあっても良いのではと思います。

人との触れ合いを多く持ち、人格を尊重しつつ支え合える社会。自分に強く、人に優しく。思いやりのある人間でありたい。

丁度、現代の小学校の紅組、白組、双方が相手にエールを送っている応援団のようにね。あの光景がいいですね。若いものも、先祖を大事に強く生きて欲しいです。小学校での最後の恩師も、今でも元気で、年賀状をやり取りしていますよ。

◎――遠藤さんは今でもお店で働く、元気でやさしい女性です。この聞き書きは遠藤さんが書かれた自分史をまとめました。（08年5月取材）

71 今が、一番幸せです

芦川行雄・てるさん・大正5年、9年生まれ・大丸

子どもの頃には、家が、大丸には110軒、百村、押立には45軒くらいしかなかったよね。畑が、今の三和のあたりにあって、上がって下がった穴っこの中で、行くのがとても大変だった。

家の前の道は、もっと狭くて鎌倉と八王子を結ぶ八王子街道だったが、人通りは少なかった。

このあたりががらりと変わったのは、陸軍の弾薬庫ができてから。それまでは、昔からの人ばかりだったのが、大勢ほかから人が来て、福島の人が多かったね。仕事がなかったからこちらに出て来たのではないかな。福島の人が、「軍隊に来てこんなにいい生活をするとは思わなかった」と言ってたからね。工員さんの為に貸家や、アパートを作って、それがあったから、今も暮らして行けるのだと思うね。

芦川さんご夫婦

大丸は、昔は養蚕をやっていたが、食糧増産の為にぴたっとやめてしまった。繭は養蚕組合があったから、一括して小金井の方の大手に出していた。家で織物にしたのはくず繭だね。

井戸がなかったから、湧き水を

天秤棒で、10年は担いだんです。人間の水とお風呂用に。山の水の方がよかったと言うこともあるしね。川の水も使いました。水道がひけて、今は楽ですね。水道ができた後も、湧き水は道路の下を通して、使ってますよ。今でもきれいで、いざと言うときは心強いです。検査してもらって安心です。

南武線がひけた時分には、ここから長沼まで、全部、水田でよく見えた。戦後、農地解放になってから、暮らしが楽になった。ほとんどが小作で、地主は少なく、1反に米で6俵、7俵とっても、大家さんへ納めるのは4俵だからね。田んぼの水は、大丸用水を使っていた。谷戸川はまとまった水がないからね。区画整理で水田が買い上げられて、水田もやめたが、80歳くらいまでやったと思う。

養鶏は幾年もやらなかった。貸家をやってた方が良いね。若い人は農家を継ぎたがらないよ。農業は雨でも、何でもやらなくては駄目だし。昔、苦労したから、神様が、今、楽させてくれていると思う。子どもの頃を思うと、夢のようだね。横になる暇もなかったからね。矢野口の梨農家が、頑張っているけど大変だと思うね。

ニュータウンに土地を売ってよかったし、心残りはないね。貸家の人とは仲良しで、長い人は30年も住んでいるよ。

◎——芦川さんのお話しを聞いて、農業を続けることや、自然とともに暮らすことの、大変さを再認識しました。大丸にとって、弾薬庫の存在がとても大きかったことを改めて知りました。（08年4月取材）

72 穴澤天神社の獅子舞

小泉重信さん・大正15年生まれ　ハツ子さん・大正14年生まれ・矢野口

矢野口では昔、地元の人が集まって素人芝居の一座を作ってまして、お祭りの時など、多摩、稲城のあちこちに呼ばれて演じました。昔は各地で素人演芸が盛んでしたね。

地元榎戸の人が中心になって、穴澤天神社の獅子舞を、昔から続けています。

獅子舞は、天神社の8月の夏祭りの時に、3日間踊ります。1日目はお祭りの前日、宮総代の家でそろい獅子を踊り、2日目は穴澤天神社まで踊りながら練り歩きます。3日目は、入り獅子といって宮総代の家で踊ってから、獅子を宮番の家へおさめるのです。獅子が3人、天狗が1人、笛と唄が10数名で、天神山の73段の階段を踊りながら登るのです。獅子はきゅう獅子、大獅子、女獅子の3獅子で、唄は獅子をやったことのある人しか唄えません。獅子舞はとても豪壮なもので、体力を使い、汗びっしょりになるので、昔、神社に守り番の家があった時には、終わってから風呂に入って汗を流して、1杯やってから帰りました。獅子のわらじは、毎年、自分達で作るのです。自分が着る浴衣は、毎年新しいものを配ってもらいました。

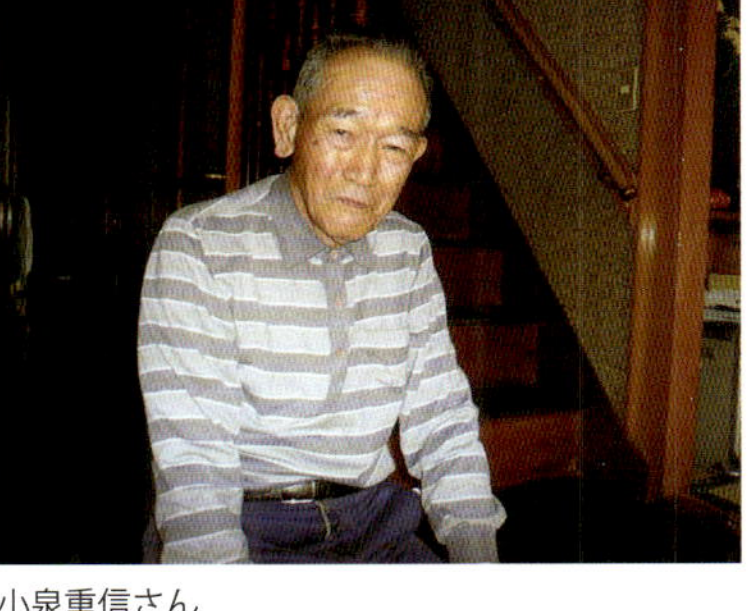
小泉重信さん

私の親父は笛を吹いていました。親から子へ、また、その子へと受け継いでいます。教えるのは口授で、それもお盆の16日から、たったの3日間だけの練習でしたから大変でした。でも石黒実さんが、獅子舞の台本を書いていたので教えるのも教わるのも楽になりました。私は、昭和17年から35年まで、踊りました。獅子を踊った人は早死にする、なんて噂がたって、今は、私が一番の長老になってしまいましたね。宮総代は、松乃園や、板屋の長坂さん、辰巳屋さん、井西さん等の財産家がやって、今の奉賀会のまとめ役のようなものでした。

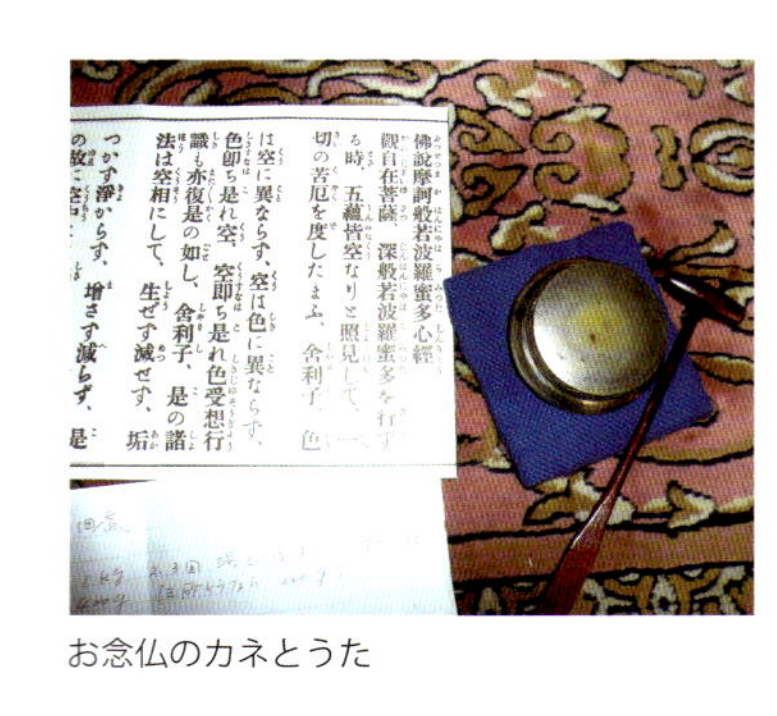
佛説摩訶般若波羅蜜多心經
觀自在菩薩、深般若波羅蜜多を行ずる時、五蘊皆空なりと照見して、一切の苦厄を度したまふ。舎利子、色は空に異ならず、空は色に異ならず、色即ち是れ空、空即ち是れ色、受想行識も亦復是の如し。舎利子、是の諸法は空相にして、生ぜず滅せず、垢つかず浄からず、増さず減らず、是の故に空の中に…

お念仏のカネとうた

お念仏のこと

このあたりでは、お念仏を毎月やってまして、昔から決まった地元の十数軒の家を、順番にまわります。新しい家や分家は、なかなかは入れません。分家で入ったのは、我が家を含めて3軒ですね。お念仏の練習の後、いろいろな雑談をして、楽しい寄り合いです。お念仏は、お葬式のあった家で通夜の夜に唱えるのですが、最近は、葬儀をお寺でやることが多く、お念仏を実際にやることは、ほとんどなくなりましたね。

素人芝居のひとコマ

穴澤天神社前で獅子舞

お念仏の文句を少し紹介しますと、「さいのかわら・きみょうちょうらい・おさなごよ・さいのかわらの・そのゆらい・これはこのよの・ことならず…」。これは、幼い子を弔う歌で、親の悲しみが伝わります。

昔からの助け合いの組織は、いろいろありますね。講中は、上と下に分かれていて、人が亡くなったときなど手伝います。また、組合は、近所数軒の集まりで、行事などのときに助け合い、さらに地親類という、何かあったときに親身になって助け合う親類があります。

こういうものは、確かに封建的ですが、長く続かせるための工夫でもあったと思いますね。

◎——穴澤天神社の獅子舞は、豪壮で一目見たら忘れられないもので、必見です。見せて頂いた素人芝居の写真の中の人々は、皆おしゃれで粋でした。稲城の昔に興味が湧きました。これから、また、新しい聞き書き始が始まりそうです。(08年6月取材)

穴澤天神社

73

弁天通りと父の思い出・洋裁の仕事

瀧澤愛子さん・昭和6年生まれ・矢野口

弁天通りの成り立ちと三沢川の決壊

今は弁天通りは矢野口駅と京王よみうりランド駅を結ぶ人通りの多い商店街になっていますが、私が子どもの頃には弁天通りは細い農道でした。周辺は梨畑と水田だけの何もない所でした。父は城所栄吉と言い、実家は矢野口駅周辺に貸家を50軒も持つ土地持ちでした。しかし7人兄弟の下から2番目だったので、土地を分けてもらわずに、農家の手伝いなどをして働いて得たお金で土地を買っていきました。

弁天通りを通して商店街を作る計画が立てられて、それが完成したのは私が小学生の頃でまだ戦争前の事です。父はその計画に道路用地を安く提供するなどして、全力で協力し、弁天通りの産みの親ともいわれました。日の出屋さん、三好さん、肉屋さん、たまやさん、おもちゃ屋さん等が次々とできて商店街の形が整いました。その土地の多くは父が持っていた土地を売ったものでした。

滝沢愛子さん

昭和33年にはよみうりランドの造成工事が始まっていました。昭和33年の台風の時、造成工事の為土砂が流れ出て、菅小学校の前の三沢川が決壊しました。商店街が水浸しになって私の家では床上まで水が上がりました。それまでも矢野口の山際や三沢川沿いは雨が降ると山からの土砂が流れ出たり、三沢川の土手が決壊したりで気が休まることがありませんでした。特に穴沢天神の下流５００mは雨が降ると洪水の心配が絶えない所でした。三沢川が護岸工事されてやっとその心配がなくなったのです。

現在の弁天通商店街

兄弟姉妹7人

私は兄弟姉妹7人の上から4番目で、姉3人、兄、私、妹、弟、の順繰りです。本当は9人だったのですが、上の兄２人が病気で早くに亡くなっています。

姉たち3人は東京のお屋敷に奉公に行きました。奉公と言っても、花嫁修業のようなもので、お給料をもらうことはありませんでした。家事や裁縫などを教えてもらうのです。

私は16歳、尋常高等科を卒業してから府中農業高校に3年間通いました。入学した2年前までは府中農蚕学校でした。女子部ができた一期生で、入学試験はいとこの城所博さんの妹さんと一緒に受けに行きました。城所博さんは特待生だったので、「城所博さんのいとこなら合格する」と皆から言われて緊張しました。合格後は南武線で府中本町駅まで行き、そこから歩いて学校に通いました。授業は普通に社会数学などが一通りあって、そのほかに農業の実習がありました。田植えの実習はありましたが、梨作りはありませんでしたね。そこを卒業してから新宿の文化服装学院に入学しました。勉強の科目はあり、そのほかに洋裁を基礎から習いました。それがその後職業として役立ちました。２年間、登戸から小田急線に乗って新宿の南口の学院まで通いました。妹も私と同じ文化服装学院で学びました。

学校を出てからしばらくして、うちの貸家に住んでいた夫と結婚することになりました。私は結婚するのは勤め人の人と決めていたので、親が夫に打診したところ、よい返事をもらったのです。しかし夫の両親や兄弟までもが東京に出てきて我が家に居候するようになり、私は家計を支えるために仕事をしたいと思うようになりました。

当時矢野口駅の商店街では、旭屋、丸角屋、魚屋、などが店を並べていました。丸角屋は衣料品を扱っていて、私は丸角屋から頼まれて縫物をやるようになりました。縫物と言っても和服ではなく、ミシンを使った洋服です。子どもを夫の兄弟に見てもらいながら洋裁の仕事をして家計を助けました。これも父が私に教育を授けてくれたおかげと思います。

父は本当に働きものでした。今も思い出すのは医光寺の上の山でサツマイモを作って、それをリヤカーに載せて自転車で下高井戸や台田橋の市場に売りに行っていたことです。今思えば本当に可愛そうなくらい働いていました。でも私を「愛子愛子」と呼んで可愛がってくれる子煩悩な父でした。父は無理がたたったのか脳梗塞で倒れて床についてしまいました。父の銅像を作るという計画があったのが、いろんな事情でなくなったのが寂しいですね。高度経済成長期に入った頃、地方から家族が上京し同居した家はめずらしくなかったことでしょう。

◎――洋裁で家族を支えて来た滝澤さんは、人の手作業が暮らしの中に生きていた最後の世代かも知れません。時代は今や進み過ぎて衣食住すべてが手の届かないところに行ってしまったような気がします。今、また、人間復権、田園回帰のきざしが見えています。平成27年には都市農業振興基本法が成立して、都市の農業や農地の大切さが再認識されました。

子どもたちの未来がやさしくあることを願いつつ、人とひと、人と自然のつながりについてこれからも学んでいきたいと思います。

ふれあいの森の木立を行く冨永さん

「森の記憶」 筆者絵

終わりに

もう30年も昔のことです。結婚して子どもが2人生まれ、それまでのアパートが手狭まになったため、不動産屋さんに言われるままに、稲城の小さな家に引っ越してきました。稲城に来て一番驚いたのは、身の周りにとても自然が多いことでした。畑や田んぼがたくさんあって、農業が盛んです。商店街は小さいけれど、車に乗れない私にはとても便利でした。稲城の暮らしは田舎っぽいけれど、心地よく暖かで、現代の失った大切な「何か」が残っているような気がしました。その「何か」を探したくて、17年程前から、稲城の先達への聞き書きを始めました。以来70名以上の方のお話しをお聞きしました。お話しを聞くと、稲城は、昔はどこにでもあった、ありふれた一農村だったことが分かります。

稲城の昔の暮らしは貧しく不便でしたが、それを克服する為に、人々は助け合い、手作りし、自然を利用して暮らしました。山や川は燃料や食料を得るだけでなく、暮らしを支え、遊びや行事に欠かせないものでした。それが逆に自然を守ることにつながったのだと思います。また、地域にはコミュニティが培われ、「組合」という近所同士の助け合いの組織が根付いていました。今のように、何でも役所に頼むのではなく、地域は自分で守るという自助の精神があったように思います。

人々は農業の合間に、季節の行事やお祭りを楽しみました。そうした伝統は、自然との付き合い方、暮らし方のルールを親から子へ、また、その子へと身をもって伝えることで受けつがれてきました。一方、人々は農業のかたわらに、商いも行っていました。今でも残る屋号にはその名残りが見えます。周辺地域との交流もあり、梨を都心で売り、その帰りに肥えを担いできたという話も聞きました。また、卵を生産して、業者に卸し、山では炭を生産しました。稲城の米は、有名な寿司米だったとのことです。昔の人々の労働は、生産から販売までを手がける、小規模ながらも、手作りの暖かい仕事だったのではないかと思います。

田んぼで遊ぶ子ども達

私を魅了したものは、稲城に残るこうしたすべてのもので、それは現代の生活から失われつつある、人間にとって大切なもの、逆にこれからの時代に求められ、見直されつつある、古くて新しいものであるような気がします。

もう一つ聞き書きを続けた思いの中には、市井の人々の一人一人の人生を、書き留めたいという願いがありました。これまで快くお話を聞かせてくれた皆様、そして読者の皆様、本当に有難うございました。

「飛んでいった帽子」　筆者絵

菊池和美プロフィール

東京都清瀬市出身。東京理科大学薬学部卒。昭和 52 年より稲城市在住。4 児の母。昭和 60 年、「子どもの遊び声の聞こえるまちに」が「毎日新聞郷土提言賞優秀賞」受賞。

昭和 62 年「稲城の自然と子どもを守る会」を結成。平成 7 年「第２回コカコーラ環境教育賞」を受賞。平成 9 年、早稲田大学法学部大学院に社会人入学。「南山の自然を守る会」の代表を経て現在、稲城農業ファンクラブで活動。薬剤師。平成 12 年より明治大学農学部博士課程に在籍。月刊武蔵野くろすとーくに「暮らしと屋号」連載中。

筆者近影

著書『ふるさとむかしむかし』『稲城農業ミュージアム』「稲城の梨百人百話」(『130 年の歩み』稲城の梨生産組合)。

小説『梨下の太陽』(倉橋由美子文学賞佳作)、『真円の夢』(農民文学賞最終候補作品)。童話『約束の木』。

絵本『星になりたかったハンミョウ』『森のお花見』『ノウサギとヤマユリ』。

稲城

続・ふるさとむかしむかし

発行日　2019年1月17日　初版第一刷発行

著者　菊池和美
写真　菊池和美、月刊「武蔵野・くろすとーく」

発行人　菊池和美
発売　株式会社てらいんく
〒 215-0007　神奈川県川崎市麻生区向原 3-14-7
TEL　044-953-1828　FAX　044-959-1803
振替　00250-0-85472
編集　月刊「武蔵野・くろすとーく」
デザイン・ＤＴＰ　はし本かづ人デザイン工房
印刷製本　昭栄印刷株式会社

ISBN978-4-86261-142-0　C0061